KB179014

스테빈이 들려주는 분수와 소수 이야기

스테빈이 들려주는 분수와 소수 이야기

ⓒ 홍선호, 2010

초 판 1쇄 발행일 | 2006년 5월 22일
개정판 1쇄 발행일 | 2010년 9월 1일
개정판 14쇄 발행일 | 2021년 5월 31일

지은이 | 홍선호
펴낸이 | 정은영
펴낸곳 | (주)자음과모음

출판등록 | 2001년 11월 28일 제2001－000259호
주   소 | 04047 서울시 마포구 양화로6길 49
전   화 | 편집부 (02)324－2347, 경영지원부 (02)325－6047
팩   스 | 편집부 (02)324－2348, 경영지원부 (02)2648－1311
e－mail | jamoteen@jamobook.com

ISBN 978－89－544－2085－3 (44400)

스테빈이 들려주는
분수와 소수
이야기

| 홍선호 지음 |

|주|자음과모음

스테빈을 꿈꾸는 청소년을 위한
'분수와 소수' 이야기

아침밥을 먹기 위해 식탁에 앉았는데 작은아들이 갑자기 이런 질문을 했습니다.

"아빠, $\frac{1}{3} + \frac{2}{3}$ 는 $\frac{3}{3}$ 으로 1이 되는데, 분수를 소수로 고쳐서 계산하면 $0.333\cdots + 0.666\cdots = 0.999\cdots$ 로 1이 안 돼요. 이유가 뭐죠?"

그러자 큰아들이 밥을 먹다 말고 펜과 종이를 가져왔습니다.

"1이 안 되는 것이 아니라 정확히 1이 되는 거야."

그러더니 자신 있다는 듯 이렇게 설명하는 것이었습니다.

"$0.999\cdots$ 를 S로 놓고 양변에 10을 곱한 다음 10S에서 S를 빼면……."

$$S = 0.999\cdots \ \text{①}$$

$$10S = 9.999\cdots \ \text{②}$$

②번 식에서 ①번 식을 빼면, ② - ①은

$$
\begin{array}{r}
10S = 9.999\cdots \\
- \quad S = 0.999\cdots \\
\hline
9S = 9 \quad\quad\quad
\end{array}
$$

그러므로 $S = \dfrac{9}{9} = 1$이다.

설명을 마치자 작은아들이 너무 놀라워했습니다.

"와! 정말 그러네."

그러나 이 방법은 분수와 소수의 관계를 정확히 설명한 것은 아닙니다. 사실 소수는 분수가 낳은 자식과 같은 존재이지요.

현재 우리가 사용하고 있는 수는 십진법이 낳은 산물인 셈이죠. 이러한 십진법을 이용해서 분수를 소수로 표현하는 방법을 발명한 사람이 스테빈입니다.

그럼 이제부터 분수와 소수의 관계와 이들의 장점과 한계점은 무엇인지 함께 알아볼까요?

홍 선 호

차례

분수란 무엇일까요?

세상에는 자연수로만 표현할 수 없는 많은 수들이 있습니다.
분수와 자연수는 어떻게 다르며, 분리량과 연속량이
무엇인지에 대해 알아봅시다.

1

첫 번째 수업

분수란 무엇일까요?

스테빈은 자신을 소개하며
첫 번째 수업을 시작했다.

안녕하세요, 나는 수학자 스테빈입니다. 벨기에의 브뤼헤에서 태어났고, 브뤼헤 시청에 근무했답니다. 그럼 수학자가 아니라 공무원 아니냐고요? 하하하, 비록 공무원의 신분이었지만 나의 일은 수학과 많은 관련이 있었고, 나는 그 방면의 전문가였어요.

1582년에 이자 계산표에 대한 서적을 출판하여, 상인들이 장사를 할 때 좀 더 편하게 계산할 수 있게 해 주었고, 《10분의 1에 관하여(De Thiende)》(1585)라는 소책자에서 소수(小數)의 계산에 관하여 최초로 조직적인 해설을 했답니다. 나로 인해 계산술은 크게 발전했지요.

이제부터 나는 여러분에게 분수와 소수에 대한 이야기를 해 주려고 합니다. 흔히 수학이라고 하면 어렵고 골치 아픈 것이라고만 생각하는 것 같아요. 그러나 무조건 계산을 해서 답만 얻으려 하기 때문이랍니다. 기초가 튼튼하고 그 본래의 의미를 확실히 안다면 수학이 얼마나 재미있는 과목인지 여러분은 충분히 실감할 수 있을 거예요.

우리는 일상생활의 많은 부분에서 수를 사용하고 있어요. 물건을 살 때도, 친구들이 몇 명 모였는지 세어볼 때도 수를 사용하지요. 이렇게 생활 곳곳에 숨 쉬고 있는 수는 아주 옛날부터 우리와 함께 살아왔답니다.

아주 먼 옛날에는 짐승이나 열매를 헤아리는 데에만 수가 사용되었습니다. 지금처럼 사람들이 많지 않았고, 생활 환경도 비교적 간단했기 때문이지요. 그래서 모든 계산이 자연수만으로도 충분했답니다.

남태평양의 어떤 부족에는 지금도 옛날 사람들이 사용하던 방식대로 수를 세는 풍습이 남아 있다고 합니다. 즉, 이 부족들은 수를 셀 때 1부터 9까지만 센 다음 그 이상인 수는 그냥 '많다'라고 표현한답니다. 자연수 중에서 아주 작은 숫자들만 사용하면서도 불편함을 느끼지 못하는 것이지요.

그러나 생활과 문화가 점차 발달하면서 사람들 사이에는 여러 가지 복잡한 문제가 발생했습니다. 수를 세는 데 있어 자연수가 아닌 다른 표현 방법이 필요하게 된 것이지요.

예를 하나 들어 보겠습니다. 원시인 4명이 사냥을 하러 갔습니다. 그들은 힘을 합해 사슴 3마리를 잡았습니다. 그러나 사냥터에서 돌아온 그들은 고민에 빠졌습니다.

'사슴 3마리를 가지고 4명이 어떻게 똑같이 나누어 가질 수 있을까? 3을 4로 정확히 나눌 수 있을까? 그러면 1보다 작은 수가 나오는데⋯⋯. 이것을 어떻게 표현해야 할까?'

아무리 고민해 봐도 자연수로는 답이 나오지 않았습니다. 그래서 그들은 새로운 방법을 찾게 됐는데, 그것이 바로 분수입니다.

그렇다면 분수는 자연수와 어떻게 다를까요?

분리량

우리 주변의 물체들을 살펴보면 낱개로 떨어져 있는 것들이 있습니다. 축구공은 하나하나가 따로 떨어져 있고 사람, 책상, 사과, 새, 자전거, 시계 등도 마찬가지입니다. 이와 같은 모임(축구공의 집합, 사과의 집합 등)을 셈할 때는 그 답을 '몇 개'로 정확하게 나타낼 수 있습니다.

이러한 것들은 하나하나가 따로 떨어져 있다는 뜻으로 분리량이라고 부릅니다. 분리량이란 자연수로 정확히 셀 수 있는 양을 말합니다. 필통에 든 연필의 개수라든지, 6학년 5반의 학생 수처럼 분리량은 셈한 결과가 반드시 자연수로 나옵니다.

연속량

이와 반대로 욕조에 담긴 물은 따로 떨어져 있지 않고 하나로 이어져 있습니다. '칼로 물 베기'란 속담처럼 물은 따로 떼어내도 여전히 물입니다. 2개의 물통 속에 든 물을 합할 경우 2개가 분리되는 것이 아니라 그대로 '하나'가 되어 버립니다.

이러한 양은 '하나, 둘, 셋' 등과 같이 자연수로 셈할 수 없습니다. 물론 크기가 일정하게 정해진 용기로 퍼낼 때 한 컵 또는 한 스푼, 두 바가지, 세 양동이라고 셀 수는 있습니다. 그러나 '물 하나, 물 둘, 물 셋'과 같이 말하는 사람은 없습니다. 이러한 양은 하나하나 떨어져 있지 않고, 연속되어 있으므로 연속량이라고 합니다.

분리량과 연속량의 개념이 아직 잘 이해되지 않나요? 그럼 쉬운 예를 다시 들어 볼게요. 토마토를 셀 때에는 1개, 2개, 3개 등으로 셀 수 있지요? 그럼 이것은 분리량입니다. 하지만

토마토를 갈아서 즙으로 만들면 액체가 되어 자연수로 셀 수 없는 연속량이 됩니다.

즉, 따로따로 존재하던 것들이 '부피나 들이(통이나 그릇 따위의 안에 넣을 수 있는 물건 부피의 최댓값)' 등으로 변하여 셈할 때에는 연속량이 되는 것입니다. 한마디로 연속량이란 아무리 나누거나 합하여도 여전히 원래와 같은 성질을 가지는 것을 말합니다.

앞에서 예로 든 원시인의 경우처럼 연속량의 계산에서 1보다 작은 수를 표현하고 나타내기 위해서 만들어진 것이 바로 분수입니다.

그럼 다음 시간엔 분수의 정확한 뜻과 역사적인 배경에 대해 알아보도록 합시다.

2

분수의 탄생과
단위분수(이집트 분수)

고대 이집트에서부터 쓰기 시작했다는 분수의 개념과
단위분수와의 관계, 분수에는 왜 꼭 2개의 숫자를
사용하는지에 대해 알아봅시다.

2

분수의 탄생과
단위분수(이집트 분수)

스테빈은 분수가
어떻게 탄생했는지 알아보자며
두 번째 수업을 시작했다.

분수는 오늘날, 수학 시간이나 일상생활에서 자연스럽게
사용되고 있습니다.

하지만 사람들이 언제부터 분수를 쓰기 시작했는지는 정확
하지 않답니다. 다만 청동기 시대(B.C. 1000년경) 때 문화가
급격히 발전하면서 시작된 것으로 추측할 뿐입니다. 특히 청
동기 시대의 고대 이집트에서는 물건을 똑같이 나누어 갖기
위하여 분수의 개념을 쓰기 시작했습니다.

이집트 사람들은 다음과 같이 알게 모르게 분수를 이용하
였지요.

빵 1개를 2명이 똑같이 나누어 가지려면 빵을 2등분하여 한 사람이 1조각씩 가졌고, 빵 2개를 5명이 똑같이 나눌 때는 2개의 빵을 각각 5등분하여 2조각씩 나누는 식으로요.

그러나 그들에게도 고민은 있었습니다.

'돼지나 닭 3마리를 4명이 나누어 가지려면 어떻게 하면 될까?' 하는 것입니다.

물론 빵을 나누는 것과 같은 방법을 이용하면 간단하겠지요. 하지만 이것은 양으로는 공평할지 몰라도 부위별로 볼 때는 불공평합니다. 왜 그런지 살펴볼까요?

돼지 3마리를 4명이 나누어 갖기 위해 오른쪽 페이지의 그림과 같이 나누었습니다. 그런 다음 3명은 그림에서 빗금 친

부분, 즉 $\frac{3}{4}$ 을 갖고 나머지 1명은 남아 있는 부분인 $\frac{1}{4}$ 씩 세 덩어리를 갖도록 하였습니다. 하지만 이와 같이 나누면 1명은 늘 뒷다리 부분만 먹게 되어 불평을 하게 되겠지요?

그렇다면 과연 공평하게 나눌 수 있는 방법은 없을까요?

여기서 이집트 인들은 분수를 단위분수(분자가 1인 분수) 의 합으로 나타내는 방법을 발견하게 되었습니다. 이것을 그림으로 설명하면 다음과 같습니다.

2마리를 2도막으로 나누고,
1명이 $\frac{1}{2}$ 씩 갖습니다.

1마리를 4도막으로 나누어
1명이 $\frac{1}{4}$ 씩 갖습니다.

결국 1명이 $\frac{1}{2} + \frac{1}{4} (= \frac{3}{4})$ 씩 나누어 가지게 됩니다. 이와 같이 나누면 양뿐만 아니라 부위도 거의 고르게 나누어 가질 수 있습니다. 그러면 4명 모두 불평을 하진 않겠지요?

당시 이집트 사람들은 $\frac{2}{3}$ 를 제외한 오늘날의 일반 분수($\frac{2}{7}$, $\frac{3}{4}$, $\frac{4}{5}$ 등)는 사용하지 않았습니다. 다시 말해, 그들은 돼지 3마리를 나누어 가질 때처럼 $\frac{3}{4}$ 이라는 분수 대신 $\frac{1}{2} + \frac{1}{4}$ 이라는 단위분수만 사용했습니다. 이런 까닭에 이집트 사람들의 분수는 오늘날의 분수보다 훨씬 불편했답니다.

예를 들어, 2÷5를 $\frac{2}{5}$ 로 나타내지 않고 $2 \div 5 = \frac{1}{3} + \frac{1}{15}$ 과 같은 식으로 나타냈던 것입니다. 따라서 다음과 같은 분수 계산표가 필요했습니다.

$$
\begin{array}{l}
① \ \frac{1}{2} \\[4pt]
② \ \frac{3}{4} = \frac{1}{2} + \frac{1}{4} \\[4pt]
③ \ \frac{2}{5} = \frac{1}{3} + \frac{1}{15} \\[4pt]
④ \ \frac{4}{5} = \frac{2}{3} + \frac{1}{10} + \frac{1}{30} \\[4pt]
\vdots \\[4pt]
⑩ \ \frac{9}{10} = \frac{2}{3} + \frac{1}{5} + \frac{1}{30}
\end{array}
$$

이집트 사람들이 굳이 단위분수만 사용한 이유는 분명하지 않습니다. 다만 오늘날과 같은 분수 개념이 확실하지 않았거나 단위분수를 쓰는 것이 더 익숙했기 때문인지도 모릅니다. 어찌 되었든 이집트의 분수는 이와 같이 복잡하고 어려웠기 때문에 오늘날 거의 사용하지 않는답니다.

다음은 분수를 이집트 분수로 나타내는 과정입니다. 이 과정에서 우리는 비율은 같지만 표현이 다른 분수(동치인 분수)의 약분, 통분의 개념을 이해할 수 있습니다.

① $\frac{2}{5} = \frac{4}{10} = \frac{6}{15} = \cdots$에서 $\frac{2}{5}$는 $\frac{6}{15}$과 동치(비율이 같음)이므로 $\frac{6}{15} = \frac{1}{15} + \frac{5}{15} = \frac{1}{15} + \frac{1}{3}$이 된다. 즉, 우리가 사용하는 분수 $\frac{2}{5}$를 이집트에서는 $\frac{1}{15} + \frac{1}{3}$로 사용했던 것이다.

② $\frac{2}{7} = \frac{4}{14} = \frac{6}{21} = \frac{8}{28} = \cdots$에서 $\frac{2}{7}$는 $\frac{8}{28}$과 동치이므로 $\frac{8}{28} = \frac{1}{28} + \frac{7}{28} = \frac{1}{28} + \frac{1}{4}$이 된다. 따라서 이집트에서는 분수 $\frac{2}{7}$를 $\frac{1}{28} + \frac{1}{4}$로 표현했다.

③ $\frac{5}{9} = \frac{10}{18} = \cdots$에서 $\frac{5}{9}$와 $\frac{10}{18}$과 동치이므로 $\frac{10}{18} = \frac{1}{18} + \frac{9}{18} = \frac{1}{18} + \frac{1}{2}$이 된다.

어때요? 좀 까다롭고 복잡하지요?

그렇다면 $\frac{5}{9}$ 를 가지고 이집트 분수를 만드는 방법을 정리해 보겠습니다.

① 주어진 분수와 동치인 여러 개의 분수를 찾는다.
$$\left(\frac{5}{9} = \frac{10}{18} = \frac{15}{27} = \cdots \right)$$

② 동치인 분수의 분자 중에서 주어진 분수의 분모(=9)보다 1 큰 분자(=10)를 갖는 분수를 찾는다. $\left(\frac{10}{18} \right)$

③ 이 분수를 분모가 같은 단위분수와 또 하나의 분수로 분해한다. $\left(\frac{1}{18} + \frac{9}{18} \right)$

④ 단위분수를 뺀 다른 분수를 약분한다. $\left(\frac{1}{18} + \frac{1}{2} \right)$

이제 이집트 분수의 원리를 이해하겠지요?

그러면 이러한 방법을 이용하여 다음 분수를 이집트 분수로 나타내어 봅시다.

① $\dfrac{3}{5}$

② $\dfrac{3}{10}$

③ $\dfrac{4}{7}$

④ $\dfrac{5}{12}$

지금까지 살펴본 이집트 분수는 2개의 단위분수로 이루어진 것이었지요? 그렇다면 이집트 분수는 단지 2개의 단위분수로만 이루어졌을까요? 그렇지 않습니다. 이집트 분수는 그 분수의 크기에 따라 3개, 4개, 5개,… 등 여러 개의 단위분수로 표현되었답니다.

그렇다면 3개의 단위분수로 이루어지는 분수를 찾아보겠습니다.

$\dfrac{59}{70} = \dfrac{1}{가} + \dfrac{1}{나} + \dfrac{1}{다}$ 로 표현한다고 할 때 '가, 나, 다'에

는 어떤 수가 적당할지 구해 봅시다. (단, 가 > 나 > 다)

① 먼저 70의 약수를 구하면 1, 2, 5, 7, 10, 14, 35, 70이다.
② 약수 중에서 세 수를 더하여 59가 되는 수들을 찾으면 10, 14, 35이다.
③ 즉, $\frac{59}{70} = \frac{35}{70} + \frac{14}{70} + \frac{10}{70} = \frac{1}{2} + \frac{1}{5} + \frac{1}{7}$ 이다.
④ 따라서 가 = 7, 나 = 5 , 다 = 2가 된다.

지금까지 공부한 이집트 분수는 까다롭고 복잡하지만 흥미롭지 않았나요? 이집트 사람들이 왜 이렇게 까다로운 방법을 선택했는지에 대해 고민해 보는 것도 좋은 수학 공부가 될 것입니다.

분수에는 왜 2개의 숫자가 필요할까?

그럼 여기서 또 하나 궁금해지는군요. 왜 분수에는 분모와 분자에 들어갈 2개의 수가 필요했던 것일까요?

고대 이집트에서는 단위분수를 만들어 활발히 사용하고 있었지만, 수학의 요람지로 일컬어지는 고대 그리스에서는 $\frac{1}{2}$ 이라는 분수 대신에 1:2와 같은 비(비율)를 사용하였습니다.

그렇다면 그리스 인들이 분수 대신에 비를 사용했던 이유는 무엇이었을까요? 그들이 분수를 몰라서였을까요?

그리스 인들은 분수를 '수'로서 인정하려고 하지 않았습니다. 즉, $\frac{1}{3}$이나 $\frac{3}{5}$과 같이 분모와 분자에 2개의 수가 존재하는 분수를 수로 생각하지 않았습니다. 그리스 인들은 자연수 이외의 수는 '수'로서 인정하지 않았던 것이지요. 그렇다면 그리스 인들이 쓰기 싫어했던 분수에는 왜 분자, 분모라는 2개의 수가 필요했을까요?

__그러게요. 정말 궁금해요.

첫째, 전체에 대한 일부분을 나타내기 때문에 2개의 수가 필요했다.

지금 내 손에는 검은 구슬 1개와 흰 구슬 2개가 있습니다. 여기서 검은 구슬은 전체 구슬의 얼마라고 생각하는지 분수로 말해 봅시다.

학생들의 일부는 $\frac{1}{2}$이라고 대답하였고, 나머지는 $\frac{1}{3}$이라고 대답하였습니다. 왜 서로 다른 답이 나왔을까요?

우선 $\frac{1}{2}$이라고 대답한 학생들은 검은 구슬은 1개이고 흰 구슬은 2개이기 때문에 $\frac{1}{2}$이라고 생각했습니다. 그러나 다른 학생들은 검은 구슬은 1개이고, 전체 구슬은 3개이기 때문에 $\frac{1}{3}$이라고 생각했을 것입니다.

그렇다면 무엇이 정답일까요?

결과적으로 답은 $\frac{1}{3}$입니다. 여기서 나타낼 분수란 '검은 구슬과 전체 구슬을 비교하는 것'입니다. 전체 구슬의 개수는 흰색이나 검은색 구별 없이 3개이고, 검은 구슬은 3개의 구슬 중 하나였으므로 답은 $\frac{1}{3}$인 것이지요.

이와 같이 분수는 '전체'를 기준으로 '부분'을 표현하기 때문에 항상 2개의 수를 필요로 합니다.

__아, 그래서 분수에는 2개의 수가 필요하군요.

둘째, 기준량에 대해 비교하는 양의 비율을 나타내기 때문에 2개의 수가 필요했다.

이 내용을 설명하기 위해 예를 하나 들어 보겠습니다. 여러분도 즐거웠던 설날의 추억을 떠올려 보세요. 두 형제가 설날에 이웃 어른들과 친척들께 세배를 다녔습니다. 세뱃돈을 두둑하게 받은 건 두말할 필요도 없겠죠. 두 형제는 서로 자기가 받은 세뱃돈 자랑을 하였습니다.

__야, 민수야! 너 세뱃돈 얼마나 받았니?

__나? 좀 벌었지. 2만 원.

__애개……, 겨우 2만 원?

__겨우라니……, 형은 얼만데 그래?

__나? 난 거금 3만 냥이다.

__3만 원 가지고 으스대기는…….

__그래도 내가 너보다 몇 배나 많잖아.

__몇 배는 무슨, 2배도 안 되네…….

형은 동생 민수보다 몇 배나 많은 세뱃돈을 받았을까요?

우선 동생인 민수를 기준으로 계산을 해 보면,

$$3만 \div 2만 = \frac{30000}{20000} = \frac{3}{2}(배)$$

가 됩니다. 그리고 형을 기준으로 계산을 해 보면,

$$2만 \div 3만 = \frac{20000}{30000} = \frac{2}{3}(배)$$

가 됩니다. 두 형제의 세뱃돈을 비교할 때 동생의 돈을 기준으로 하면 형이 동생의 $\frac{3}{2}$배였는데, 형의 세뱃돈을 기준으로 하니까 동생은 형의 $\frac{2}{3}$배가 됨을 알 수 있습니다.

이와 같이 분수는 어떤 수를 기준량으로 하고, 어떤 수를 비교하는 양으로 하느냐에 따라 그 값(비율)이 달라집니다. 따라서 분수는 두 수의 비율을 비교할 때 편리하게 쓸 수 있습니다.

그러므로 어떤 수의 비율을 나타내기 위해 분자(비교하는 양)와 분모(기준량)라는 두 수를 필요로 합니다.

이제 분수에 왜 2개의 수가 필요한지 알겠죠?

만화로 본문 읽기

선생님, 웬일로 마트에 오자고 하셨어요?

오늘은 장을 보면서 분수에 대해 알아보죠. 정확하진 않지만 고대 이집트에서는 물건을 똑같이 나누어 갖기 위해 분수의 개념을 사용했지요.

예를 들어 빵 2개를 5명이 똑같이 나눠야 할 때, 2개의 빵을 각각 5등분하여 2조각씩 나누었지요.

그렇군요. 이 빵 시식용이죠? 저기 삼겹살 시식 코너도 가 봐요.

이집트 인들은 돼지 3마리를 4명이 나눌 때, 분자가 1인 단위분수의 합으로 나타내는 방법을 사용했어요.

그냥 구워서 함께 먹으면 될 것 같은데…. 어떤 방법인지 자세히 설명해 주세요.

먼저 3마리 중 2마리를 2도막으로 나누고, 1명이 $\frac{1}{2}$씩 가져요. 그리고 나머지 1마리를 4도막으로 나눠서 1명이 $\frac{1}{4}$씩 갖는 거지요.

그러면 거의 공평하게 나눌 수 있겠네요.

결국 1명이 $\frac{3}{4}$마리씩 나누어 가지게 되는데 이것을 단위분수만 사용하여 표현했지요.

많이 불편했겠네요. 굳이 단위분수만 사용한 이유는 뭔가요?

우리는 단위분수만 사용하지!

$$\frac{3}{4} = \frac{1}{2} + \frac{1}{4}$$

이유는 분명하지는 않지만, 오늘날과 같은 분수 개념이 확실치 않았거나 단위분수를 쓰는 것이 더 익숙했기 때문인지도 모르죠.

그렇군요. 아, 배부르다. 선생님, 앞으로도 이런 공부는 대환영이에요.

3

분수의 종류
(진분수, 가분수, 대분수)

분모와 분자의 크기와 모양에 따라 이름이 달라진다는
진분수, 가분수, 대분수의 유래와 약분 및 기약분수에 대해 알아봅시다.

3

세 번째 수업

분수의 종류
(진분수, 가분수, 대분수)

스테빈은 분수에도
여러 가지 종류가 있다며
세 번째 수업을 시작했다.

오늘은 분수의 종류와 그 계산법에 대해 알아봅시다.

분수의 종류는 생긴 모양에 따라 진분수, 가분수, 대분수가
있습니다. 이들은 분수를 이루는 두 수, 즉 분모와 분자의 크
기나 모양에 따라 이름이 달라집니다.

진분수의 '진(眞)'은 '참, 참으로, 진짜'라는 뜻입니다. 진분
수는 0보다 크고 1보다 작은 모든 분수를 말합니다. $\frac{1}{2}$, $\frac{2}{3}$,
$\frac{3}{4}$, $\frac{98}{99}$, … 등이 진분수에 속합니다. 이런 분수들은 항상
'분모가 분자보다 큰 수'로 이루어집니다. 이런 분수들을 왜
진짜 분수라고 부르는 것일까요?

앞에서 우리는 '자연수로 셈할 수 없는 1보다 작은 연속량'을 표현하기 위해 분수가 만들어졌다고 배웠습니다. 따라서 진분수는 처음 분수가 만들어진 이유처럼 1보다 작은 양을 표현한 것입니다.

잘 이해가 안 되신다고요? 그럼 여러분이 좋아하는 먹을 것을 가지고 이야기해 보도록 하겠습니다.

자, 여기 사과 1개가 있습니다. 이 사과를 칼로 잘라서 넷으로 똑같이 나눕니다. 여러분이 그중에 1조각을 먹으면 $\frac{1}{4}$을 먹는 것이 되고, 3조각을 먹으면 $\frac{3}{4}$을 먹는 것이 됩니다. 따라서 사과의 $\frac{1}{4}$ 또는 $\frac{3}{4}$을 먹는 것은 얼마든지 가능합니다. 이런 이유로 $\frac{1}{4}$, $\frac{2}{4}$, $\frac{3}{4}$과 같은 분수를 진짜 분수, 즉 진분수라고 합니다.

진분수는 가분수와 비교해 보면 그 뜻을 더욱 쉽게 알 수 있습니다.

가분수의 '가(假)'는 '거짓, 가짜, 임시'라는 뜻입니다. 가분수는 '크기가 1과 같거나 1보다 큰 모든 분수'를 말합니다. 즉 $\frac{4}{4}$, $\frac{5}{4}$, $\frac{9}{5}$, $\frac{100}{20}$ 등이 가분수에 속합니다. 그런데 이런 분수들을 왜 가짜 분수라고 할까요?

다시 한번 사과를 쪼개 먹으면서 가분수의 의미를 생각해 봅시다. 여기 사과 1개가 있습니다. 이 사과를 넷으로 똑같이 나눕니다. 그중 $\frac{1}{4}$씩 5번을 먹으면 $\frac{5}{4}$를 먹는 셈이 됩니다. '사과 1개는 $\frac{1}{4}$씩 4조각뿐인데 $\frac{5}{4}$, 즉 5조각을 먹었다'라는 건 말이 안 되겠죠? 사과 1개는 애초에 4조각밖에 없었으니까요.

그렇습니다. 이런 상황은 현실에서 불가능하기 때문에 $\frac{5}{4}$, $\frac{6}{4}$, $\frac{7}{4}$과 같은 분수를 가짜 분수, 즉 가분수라고 하는 것입니다. 분자, 분모라는 2개의 수로 모양새는 갖추었으나 실제로는 불가능한 상황을 나타낸 분수가 바로 가분수인 것입니다.

가분수와 관련하여 한 가지 더 알아둘 것이 있습니다.

사과를 넷으로 똑같이 나누어 그중에 4조각을 먹으면 $\frac{4}{4}$를 먹은 셈이고, 이것은 현실적으로 이루어질 수 있는 상황인데 왜 $\frac{4}{4}$를 가분수라고 할까요?

$\frac{4}{4}$와 성질이 같은 분수들을 살펴보면 $\frac{3}{3}$, $\frac{7}{7}$, $\frac{27}{27}$ 등이 있습니다. 이것들은 분자, 분모라는 두 수로 이루어져 있어 분수처럼 보입니다. 그러나 그 비율을 따져 보면 모두 자연수 1과 같습니다. 이러한 분수들은 분수인 척 위장하고 있지만 사실은 자연수 1과 같기 때문에 가분수라고 하는 것입니다.

'사과 4조각 중에 4조각을 먹었다'라고 하지 않고, '사과 1개를 먹었다'라고 말하는 이유가 바로 여기에 있습니다.

내가 지난 시간에 분수가 왜 만들어졌다고 했는지 기억하고 있나요? 맞습니다. 분수는 자연수로 표현할 수 없는 양을 나타내기 위해 만들어졌습니다. 따라서 자연수로 표현할 수 있는 수들을 굳이 분수로 쓰면 오히려 불편할 수 있습니다. 따라서 가분수는 수학적인 필요에 따라 분수처럼 표현한 수일 뿐입니다.

그럼 대분수란 어떤 분수일까요? 큰 분수란 뜻일까요?

많은 사람들이 보통 대분수의 '대'를 '큰 대(大)'로 생각합니다. 그러나 대분수의 '대(帶)'는 '결합되었다, 이어졌다, 붙었다'는 뜻입니다. 영어로 대분수는 'mixed number(섞인 숫자)'

라고 합니다. 따라서 대분수는 말 그대로 '결합된 분수, 붙은 분수, 섞인 수'인데 도대체 무엇이 결합되고, 섞였다는 것일까요?

대분수를 보면 바로 답을 알 수 있습니다. $12\frac{1}{2}$, $3\frac{1}{3}$, $5\frac{3}{4}$ 과 같은 분수를 대분수라고 하는데, 이것들은 바로 '자연수와 진분수가 혼합된 수', '자연수와 진분수가 섞인 수'입니다.

그런데 가끔 계산 과정에서 $4\frac{2}{4}+3\frac{3}{4}=7\frac{5}{4}$ 와 같이 자연수와 가분수가 혼합된 결과가 나올 때가 있습니다. 이때는 반드시 $7\frac{5}{4}$ 를 $8\frac{1}{4}$ 로 바꿔 주어야 합니다.

이제 진분수와 가분수 그리고 대분수에 대해서 잘 알겠죠?

그런데 분수를 계산하는 과정에서 우리는 약분이나 기약분수라는 어려운 벽에 부딪치게 됩니다. $\frac{24}{48}$ 를 약분하면 $\frac{12}{24}$ 나 $\frac{6}{12}$ 또는 $\frac{3}{6}$ 이 되며, 이것은 마지막으로 $\frac{1}{2}$ 이라는 기약분수가 됩니다.

여러분은 수학 시험에서 약분을 하지 않았거나, 기약분수로 고치지 않아서 답을 틀려 본 경험이 있을 것입니다.

기약분수란 $\frac{3}{7}$, $\frac{6}{13}$, $\frac{1}{6}$ 등과 같이 분모와 분자가 어떠한 수로도 동시에 나누어지지 않을 때의 분수를 말합니다. 다시 말해 분모, 분자 사이에 공약수를 갖지 않는 분수를 기약분수라고 합니다. 그리고 분수는 약분에 의해서 같은 값을 가지는 기약분수로 고칠 수 있습니다.

그렇다면 약분은 반드시 해야 하는 걸까요? 약분을 하지 않으면 틀린 답이 되는 걸까요?

결론부터 말한다면 약분은 반드시 해야 하는 것은 아닙니다. 왜냐고요?

다음의 예를 살펴보며 자세히 얘기하도록 합시다.

제비뽑기를 할 때 60개의 제비 중 당첨 제비가 10개 있다고 합시다. 여기에서 당첨 제비를 뽑을 확률을 묻는 문제의 답은 $\frac{10}{60}$입니다. 그런데 $\frac{10}{60}$을 $\frac{1}{6}$로 약분하고 $\frac{10}{60}$이라는 원래의 정보를 없애 버린다면, 제비가 원래 6개였는지 60개였는지 알 수가 없게 됩니다. 즉, 당첨 제비를 뽑을 확률이 $\frac{1}{6}$이라는 정보만으로는 당첨 제비가 60개 중 10개가 있었던 것인지, 30개 중에서 5개가 있었던 것인지, 6개 중에서 1개가 있었던 것인지 도무지 알 수가 없는 것이지요.

이처럼 어떤 분수를 약분하면 분수가 가지고 있던 원래의 정보를 잃어버리는데도 우리가 수학 공부를 할 때 굳이 약분을 하는 이유는 분수의 크기를 알아보기에 편리하기 때문입니다.

약분을 하거나 기약분수로 나타내면 분모와 분자의 숫자의 크기가 작아져서 원래 분수가 가지고 있던 비율을 더욱 쉽게 알 수 있게 되거든요.

다음 예를 한번 볼까요?

어떤 선거에서 후보 A를 지지하는 비율이 $\frac{38000}{57000}$일 경우, 후보 A가 어느 정도의 지지를 받고 있는지 한눈에 들어오지 않습니다. 하지만 지지율 $\frac{38000}{57000}$을 기약분수로 나타내면 $\frac{2}{3}$가 되어 후보 A가 어느 정도의 지지를 받고 있는지 한 번에 알 수 있습니다. 그러나 원래 분수 $\frac{38000}{57000}$을 없애 버리고, 기약분수 $\frac{2}{3}$만을 남겨 놓으면 후보 A를 지지하는 사람의 수가 얼마인지 알 수 없게 되어 버리는 단점이 있습니다. 그러므로 모든 분수를 반드시 약분하여 기약분수로 만들어야 하는 것은 아니라는 얘기입니다.

따라서 $\frac{24}{48}$나 $\frac{10}{60}$과 같이 분수의 크기를 직관적으로 쉽게 이해할 수 있는 경우에는 굳이 기약분수로 고치지 않아도 좋습니다. 그러나 $\frac{380}{570}$이나 $\frac{52}{91}$와 같이 분수의 크기를 직관적으로 비교하기 어려운 경우에는 약분을 하거나 기약분수로 나타내어 분수의 값을 비교하기 쉽게 만들어 줄 필요가 있습니다.

우리가 수학 시간에 공부하는 분수의 사칙 연산에서는 원래의 정보 없이 단순히 계산하는 법을 배우는 것이므로 반드시 기약분수로 나타내는 것이 바람직하겠죠?

수학자의 비밀노트

번분수

분수의 분자, 분모 중 적어도 하나가 분수여서 복잡한 분수를 번분수라 하며 예를 들면 다음과 같다.

$$\text{예) } \frac{\frac{3}{4}}{\frac{6}{11}}, \quad \frac{5}{\frac{4}{9}}, \quad \frac{\frac{7}{9}}{3}$$

이러한 번분수는 분수의 정의에 의해 다음과 같이 간단하게 나타낼 수 있다.

$$\frac{\frac{3}{4}}{\frac{6}{11}} = \frac{3}{4} \div \frac{6}{11} = \frac{3}{4} \times \frac{11}{6} = \frac{11}{8}$$

$$\frac{5}{\frac{4}{9}} = 5 \div \frac{4}{9} = 5 \times \frac{9}{4} = \frac{45}{4}$$

$$\frac{\frac{7}{9}}{3} = \frac{7}{9} \div 3 = \frac{7}{9} \times \frac{1}{3} = \frac{7}{27}$$

오늘 우리 반에서 인기 투표를 했는데 제가 $\frac{25}{40}$의 비율이 나와서 1등을 했어요.

어허, $\frac{25}{40}$라는 분수는 기약분수로 나타내야 돼!

기약분수?

기약분수란 분모와 분자가 어떠한 수로도 나누어지지 않는 분수를 말하지요. 즉 분모, 분자 사이에 공약수를 갖지 않는 분수이지요.

그래서 분수는 약분에 의해 같은 값을 가지는 기약분수로 고칠 수 있지.

그러니까 $\frac{25}{40}$는 기약분수 $\frac{5}{8}$가 되지.

그렇구나. 그런데 선생님, 분수는 꼭 약분이나 기약분을 해야 되나요?

결론부터 말하면 약분이나 기약분을 반드시 해야 하는 것은 아니랍니다.

정말요? 왜 그렇죠?

미애네 반 인원이 40명이고 이 중 25명이 미애한테 투표를 하면 미애의 인기도는 $\frac{25}{40}$인데, $\frac{5}{8}$로 기약분하면 몇 명 중 몇 명이 투표한 것인지 알 수가 없겠지요?

하지만 수학 시간에 공부하는 분수의 사칙 연산에서는 단순히 계산하는 법을 공부하는 것이니 기약분수로 나타내는 것이 바람직해요.

네, 알겠습니다.

4

주어진 **조건**을 **이용**하여 **분수 계산**하기

분수의 합과 곱에서 '서로 짝이 되는 수'에는 어떤 규칙성이 있을까요?
역연산을 이용하는 분수의 나눗셈에 대해 알아봅시다.

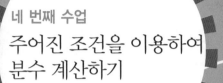

네 번째 수업

주어진 조건을 이용하여
분수 계산하기

스테빈은 사칙 연산이
무엇인지를 설명하며
네 번째 수업을 시작했다.

분수의 사칙 연산

사칙 연산이란 덧셈, 뺄셈, 곱셈, 나눗셈을 응용한 셈을 말합니다. 분수는 덧셈이나 뺄셈의 경우, 분모의 크기가 같으면 분자끼리의 계산만으로 간단히 셈할 수 있습니다. 그러나 분모의 크기가 다를 경우 반드시 분모의 크기를 같게(통분) 만들어야 하는 이유는 무엇일까요?

여러분의 이해를 돕기 위해 다음 페이지의 계산을 한번 해 보도록 합시다.

토끼 1마리＋수박 1통

위의 셈에서 '토끼 1마리＋수박 1통'은 '2'인데, 2 뒤에 어떤 단위를 붙여야 할까요? 앞에 토끼가 있으니까 동물을 세는 단위인 마리를 쓸까요? 아니면 뒤에 수박이 있으니 수박을 세는 단위인 통을 써야 할까요? 어느 것을 붙여야 할지 알쏭달쏭하니 그냥 두 단위를 다 합쳐서 '통마리'라고 부를까요?

사실 이 상황에서는 어떤 단위를 붙여도 정확하지 않습니다. 이것은 셈을 하기 위한 아주 기본적인 조건이 무엇인지를 설명해 주고 있습니다.

즉, 덧셈이나 뺄셈에서는 언제나 같은 성질끼리 셈을 해야 한다는 것이지요. 다시 말해 단위가 다른 것끼리는 덧셈과 뺄셈을 할 수 없다는 것입니다.

$\frac{2}{5}$와 $\frac{3}{7}$이라는 분수를 예로 들어 봅시다. 이 분수들을 각각 $\frac{2}{5마리}$와 $\frac{3}{7통}$이라 생각하고 계산한다면 분모를 어떻게 처리해야 할까요? 그렇습니다. 이 둘은 분모가 다르기 때문에(단위가 같지 않으므로) 이 상태로는 덧셈을 할 수 없습니다. 그러므로 분수 $\frac{2}{5}$와 $\frac{3}{7}$에서 서로 단위가 다르다는 것을 무시한 채 무턱대고 분자인 2와 3을 더해 봐야 아무런 의

미가 없는 것입니다.

이와 같이 성질이 다른 두 분수를 더하거나 뺄 때에는 '공통의 단위'를 만들어 준 다음에 계산을 해야 합니다.

분수의 성질을 같게 하는 공통의 단위를 만들어 $\frac{2}{5}$와 $\frac{3}{7}$의 덧셈을 해 봅시다.

두 분모의 최소공배수를 이용하여 $\frac{1}{35}$이라는 공통의 단위를 준비합니다. $\frac{2}{5}$는 $\frac{1}{35}$이 14개 모인 것이고, $\frac{3}{7}$은 $\frac{1}{35}$이 15개 모인 것입니다. 이렇게 함으로써, 다음과 같은 답을 얻을 수가 있습니다.

$$\frac{2}{5} + \frac{3}{7} = \left(\frac{2 \times 7}{5 \times 7}\right) + \left(\frac{3 \times 5}{7 \times 5}\right) = \frac{14}{35} + \frac{15}{35} = \frac{29}{35}$$

실제로 정사각형의 반투명 종이 위에 이 과정을 나타내면 공통의 단위를 더욱 실감 나게 이해할 수 있습니다.

우선 2개의 정사각형을 준비합니다. 다음 페이지의 그림과 같이 한쪽은 세로로 5등분, 다른 하나는 가로로 7등분합니다. 이 2개의 종이를 겹쳐 보면 칸 하나의 크기는 $\frac{1}{5 \times 7} = \frac{1}{35}$이 됩니다.

이때, $\frac{2}{5}$와 $\frac{3}{7}$은 각각 $\frac{2 \times 7}{5 \times 7} = \frac{14}{35}$, $\frac{3 \times 5}{7 \times 5} = \frac{15}{35}$와 같습니다.

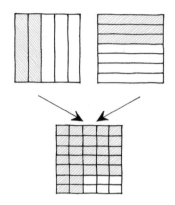

$\frac{1}{35}$ 이라는 공통의 '단위' 가 만들어진다.

그러면 앞으로는 분모의 크기가 서로 다른 분수의 덧셈과 뺄셈을 할 때 반드시 공통의 단위를 만들어 계산하기 위해 통분을 먼저 해야겠죠?

서로 짝이 되는 수

서로 짝이 되는 수란 무엇일까요?

분수의 덧셈과 곱셈을 하다 보면 어떤 두 수를 더하거나 곱하여도 같은 값을 갖는 경우를 종종 볼 수 있습니다.

$\frac{3}{2}$과 3을 더해 보면 $\frac{3}{2} + 3 = 3\frac{3}{2} = 4\frac{1}{2}$이 되고, $\frac{3}{2}$과 3을

곱해 보면 $\dfrac{3}{2} \times 3 = \dfrac{9}{2} = 4\dfrac{1}{2}$이 되어 두 계산의 결과가 같습니다.

다음 수들의 합과 곱을 구해 봅시다.

① $\dfrac{4}{3}, 4$

합	
곱	

② $\dfrac{5}{3}, 4$

합	
곱	

③ $\dfrac{5}{4}, 5$

합	
곱	

④ $\dfrac{8}{6}, 8$

합	
곱	

⑤ $\dfrac{7}{6}, 7$

합	
곱	

⑥ $\dfrac{10}{9}, 10$

합	
곱	

각 칸에 합과 곱을 채워 넣었나요? 어렵지 않은 계산이었죠?

계산이 끝났다면 합과 곱의 계산 결과가 같은 수는 어떤 것인지 표시해 봅시다.

①
$\dfrac{4}{3}$, 4	합	$5\dfrac{1}{3}$
	곱	$5\dfrac{1}{3}$

②
$\dfrac{5}{3}$, 4	합	$5\dfrac{2}{3}$
	곱	$6\dfrac{2}{3}$

③
$\dfrac{5}{4}$, 5	합	$6\dfrac{1}{4}$
	곱	$6\dfrac{1}{4}$

④
$\dfrac{8}{6}$, 8	합	$9\dfrac{1}{3}$
	곱	$10\dfrac{2}{3}$

⑤
$\dfrac{7}{6}$, 7	합	$8\dfrac{1}{6}$
	곱	$8\dfrac{1}{6}$

⑥
$\dfrac{10}{9}$, 10	합	$11\dfrac{1}{9}$
	곱	$11\dfrac{1}{9}$

합과 곱의 계산 결과가 같은 수는 ①, ③, ⑤, ⑥번이지요?

이처럼 둘을 더하거나 곱할 때, 같은 값을 가지는 수를 서로 짝인 수라고 약속하겠습니다. 그 결과 서로 짝인 수는 ①, ③, ⑤, ⑥번이 되는군요.

그렇다면 서로 짝인 수 사이에는 어떤 규칙이 있을까요?

①, ③, ⑤, ⑥번에서 서로 짝인 수의 공통점을 살펴보면 분자가 분모보다 1이 더 큰 수로 되어 있습니다. 또 자연수, 즉 더하거나 곱하게 되는 자연수는 분자와 같은 수임을 알 수

있습니다. 이것을 수식으로 나타내면 두 수는 $\frac{b}{a}$, b이며, 여기서 $b = a + 1$일 때 두 수는 서로 짝인 수가 됩니다.

예를 들어, $\frac{6}{5}$과 6이 서로 짝인 수인지를 알려면 다음과 같은 방법으로 확인할 수 있습니다.

① $\dfrac{6(=b)}{5(=a)}$

② $6(=b) = 5(=a) + 1$ (등식이 성립하므로 서로 짝인 수임)

$\frac{3}{2}$, 3도 둘을 더하거나 곱할 때 같은 값을 가지는 서로 짝인 수가 됩니다. 이것을 다음 페이지의 그림과 같이 나타낼 수 있습니다.

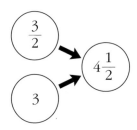

이와 같은 방법으로 서로 짝인 수를 만들어 봅시다.

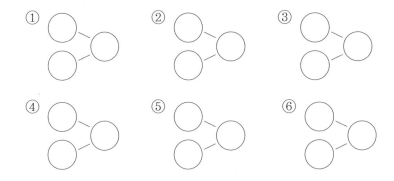

그럼 대분수와 짝을 이루는 자연수도 과연 존재할까요?

$1\frac{2}{3}$와 서로 짝인 수가 있는지 찾아봅시다.

$1\frac{2}{3}$를 가분수로 고치면 $\frac{5}{3}$로 분자가 3보다 1 큰 수인 4가

아닙니다. 따라서 이 수와 서로 짝인 수는 없습니다. $\frac{5}{3}$와 5

를 합하면 $6\frac{2}{3}$가 되고, $\frac{5}{3}$와 5를 곱하면 $8\frac{1}{3}$이므로 서로 짝

인 수가 될 수 없는 것입니다. 그러므로 대분수와 짝을 이루는 자연수는 존재하지 않습니다.

분수의 덧셈과 뺄셈

이번에는 다른 방법으로 분수의 덧셈을 계산해 보겠습니다.

우리는 가끔 다음과 같은 복잡한 분수의 덧셈 문제를 만날 때가 있습니다. 그럴 때면 당황스러워서 그냥 포기하고 싶었지요? 하지만 이 문제도 분수의 성질을 잘 이해하면 간단하게 해결할 수 있답니다.

한번 도전해 볼까요?

$$\frac{1}{2} + \frac{1}{6} + \frac{1}{12} + \frac{1}{20} + \frac{1}{30} + \frac{1}{42} + \frac{1}{56} + \frac{1}{72} + \frac{1}{90}$$

위의 분수의 덧셈을 계산하기 전에 분모가 서로 다른 분수의 뺄셈 과정을 먼저 생각해 봅시다.

$$① \frac{1}{2} - \frac{1}{3} = \frac{3}{2 \times 3} - \frac{2}{2 \times 3} = \frac{3}{6} - \frac{2}{6} = \frac{1}{6}$$

$$② \frac{1}{4} - \frac{1}{9} = \frac{9}{4 \times 9} - \frac{4}{4 \times 9} = \frac{9}{36} - \frac{4}{36} = \frac{5}{36}$$

두 계산 과정의 차이점은 무엇일까요?

첫째, ①의 분모는 연속되는 자연수 2, 3이고 ②의 분모는 연속되지 않는 자연수 4, 9이다.

둘째, 통분하여 계산한 결과에서 ①은 분자가 1인데 ②는 분자가 5이다.

①번에서 통분되는 과정을 거꾸로 살펴보면 다음과 같습니다.

$$\frac{1}{6} = \frac{1}{2 \times 3} = \frac{3-2}{2 \times 3} = \frac{3}{2 \times 3} - \frac{2}{2 \times 3} = \frac{1}{2} - \frac{1}{3}$$

즉 $\frac{1}{6}$의 분모 6은 2×3으로 나타낼 수 있다는 사실에 주목하여, $\frac{1}{6}$이 $\frac{1}{2} - \frac{1}{3}$이 되는 과정 속에서 전체 값은 변하지 않고 형태만 변한 것을 알 수 있습니다.

연속되는 두 자연수를 곱하는 수가 분모가 되면 위와 같은 형태로 바꿀 수 있기 때문에 여러 가지 비슷한 모양이 나올 수 있습니다.

__와, 정말 신기해요.

$$\frac{1}{12} = \frac{1}{3} - \frac{1}{4}$$

$$\frac{1}{20} = \frac{1}{4} - \frac{1}{5}$$

$$\frac{1}{30} = \frac{1}{5} - \frac{1}{6}$$

$$\frac{1}{42} = \frac{1}{6} - \frac{1}{7}$$

위의 사실을 이용하여 다음 분수의 덧셈을 해 봅시다.

$$\frac{1}{2} + \frac{1}{6} + \frac{1}{12} + \frac{1}{20} + \frac{1}{30} + \frac{1}{42} + \frac{1}{56} + \frac{1}{72} + \frac{1}{90}$$

$$= \left(\frac{1}{1} - \frac{1}{2}\right) + \left(\frac{1}{2} - \frac{1}{3}\right) + \left(\frac{1}{3} - \frac{1}{4}\right) + \left(\frac{1}{4} - \frac{1}{5}\right) + \left(\frac{1}{5} - \frac{1}{6}\right)$$

$$+ \left(\frac{1}{6} - \frac{1}{7}\right) + \left(\frac{1}{7} - \frac{1}{8}\right) + \left(\frac{1}{8} - \frac{1}{9}\right) + \left(\frac{1}{9} - \frac{1}{10}\right)$$

따라서 계산을 정리하면 $\frac{1}{1} - \frac{1}{10}$만 남게 되므로, $\frac{10-1}{10}$ $= \frac{9}{10}$ 가 됩니다.

이해할 수 있나요? 어렵게 생각되면 다시 한 번 풀어 보세요. 이젠 다른 문제가 나와도 얼마든지 도전해 보겠다는 마음이 생기겠죠?

분수의 곱셈

분수의 곱셈이 이루어지는 경우는 다음의 3가지로 구분할 수 있습니다.

(분수)×(자연수)

(자연수)×(분수)

(분수)×(분수)

그렇다면 각 경우의 분수의 곱셈에는 어떤 특성이 있는지 살펴보겠습니다.

먼저, (분수)×(자연수)를 살펴보면 자연수의 곱셈처럼 같은 수를 반복해서 더하는 것을 알 수 있습니다. 예를 들면 다음과 같습니다.

$\frac{1}{5} \times 4$는 $\frac{1}{5}$을 4번 더하는 것과 같습니다.

$$\frac{1}{5} \times 4 = \frac{1}{5} + \frac{1}{5} + \frac{1}{5} + \frac{1}{5} = \frac{4}{5}$$

$\frac{1}{3} \times 6$은 $\frac{1}{3}$을 6번 더하는 것과 같습니다.

$$\frac{1}{3} \times 6 = \frac{1}{3} + \frac{1}{3} + \frac{1}{3} + \frac{1}{3} + \frac{1}{3} + \frac{1}{3} = \frac{6}{3} = 2$$

둘째, (자연수)×(분수)를 살펴보면, (분수)×(자연수)와 같은 방법을 적용할 수는 없습니다.

예를 들어, $6 \times \frac{1}{2}$의 경우 6을 $\frac{1}{2}$번 더한다는 것은 현실적으로 불가능하기 때문입니다. 따라서 $6 \times \frac{1}{2}$의 해석은 다음과 같이 하는 것이 가장 올바른 해석일 것입니다.

① 6의 반

② 6을 둘로 나눈 것 중의 하나

셋째, (분수)×(분수)를 살펴보면 앞의 2가지 경우와 전혀 다른 특징이 있다는 것을 알 수 있습니다.

예를 들어 $\frac{5}{7} \times \frac{1}{3}$의 경우, 전체를 1로 보고 전체의 $\frac{5}{7}$ 중에서 $\frac{1}{3}$에 해당하는 부분을 의미합니다.

이것을 그림으로 나타내면 먼저 전체를 7등분한 것 중에 5부분을 색칠하고, 다음에 전체를 세로로 3등분한 것 중에 하나를 선택하여 중복 색칠하는 것을 뜻합니다.

따라서 가로를 7등분하고 다시 세로를 3등분하면 전체가 21등분이 되는데, 그중에서 중복되어 표시된 영역 5개에 해당되는 것입니다.

이상으로 분수의 곱셈이 이루어지는 3가지 경우를 알아보았습니다.

$$\frac{5}{7}$$

$$\frac{5}{7} \times \frac{1}{3} = \frac{5}{21}$$

분수의 나눗셈

　여러분은 분수의 나눗셈을 할 때 역수를 곱하면 쉽게 구할 수 있다고 자랑을 하는 친구를 본 적이 있을 겁니다. 하지만 그 친구에게 분수의 나눗셈에서 역수로 곱하는 이유가 무엇인지 물어보면 대답을 못하는 경우가 대부분일 것입니다. 과연 그 이유는 무엇일까요? 자세히 알아보도록 하겠습니다.

　우리는 흔히 분수의 나눗셈이 나오면 나누기를 곱하기로 고치고 나누는 수, 즉 제수를 역수로 고쳐 계산합니다.

　예를 들어 $\frac{3}{4} \div \frac{2}{5}$에서 $\div$를 $\times$로 고치고, 나누는 수 $\frac{2}{5}$를 역수 $\frac{5}{2}$로 고쳐 계산하지요.

$$\frac{3}{4} \div \frac{2}{5} = \frac{3}{4} \times \frac{5}{2} = \frac{15}{8} = 1\frac{7}{8}$$

　그렇다면 나누기를 곱하기로 고치고, 제수를 역수로 고쳐 계산하는 이유는 무엇일까요? 이제부터 그 이유에 대해 살펴봅시다. 그럼 먼저 (자연수)÷(자연수)의 계산부터 알아보도록 하죠.

　우선 10÷5의 의미는 2가지로 설명할 수 있습니다.

첫째, 10 속에 5가 2번 포함된다는 포함제의 의미가 있다.

둘째, 10개를 5명에게 똑같이 나누어 주면 2개씩 줄 수 있다는 등분제의 의미가 있다.

그러나 분수의 나눗셈의 의미를 생각해 보면 어떨까요? $\frac{4}{6} \div \frac{2}{6}$를 포함제와 등분제의 의미로 설명하면 다음과 같습니다.

첫째, 포함제의 의미로 해석하면 $\frac{4}{6}$ 속에 $\frac{2}{6}$가 2번 포함된다는 의미로 설명하는 것이 가능하다.

둘째, $\frac{4}{6}$를 $\frac{2}{6}$명에게 나누어 주면 2개씩 나누어 줄 수 있다는 등분제 의미는 성립하지 않는다.

따라서 분수의 나눗셈은 포함제의 의미로만 설명할 수 있음을 알 수 있습니다.

그리고 분수의 나눗셈에서 분모가 같으면 역수로 곱하지 않아도 쉽게 계산할 수 있다는 것을 알 수 있습니다.

예를 들어 $\frac{6}{10} \div \frac{2}{10}$는 $\frac{6}{10}$ 속에 $\frac{2}{10}$가 3번 포함되어 있다는 사실을 쉽게 알 수 있으며 이것은 분모를 무시하고 분자끼리의 나눗셈, 즉 $6 \div 2$만으로 계산해도 된다는 것을 알 수 있습니다. 몇 가지 예를 들어 보겠습니다.

① $\dfrac{8}{15} \div \dfrac{2}{15} = 8 \div 2 = 4$

② $\dfrac{12}{20} \div \dfrac{4}{20} = 12 \div 4 = 3$

③ $\dfrac{18}{45} \div \dfrac{3}{45} = 18 \div 3 = 6$

이처럼 분수의 나눗셈도 분수의 덧셈, 뺄셈과 마찬가지로 분모의 크기가 같으면 역연산으로 계산하지 않아도 답을 쉽게 구할 수 있습니다.

그러면 이번에는 분모가 다른 분수의 나눗셈을 살펴보겠습니다.

$\dfrac{3}{4} \div \dfrac{2}{5}$ 를 2가지 방법으로 계산해 보겠습니다. 먼저 역연산 방법으로 계산하면 다음과 같습니다.

$$\dfrac{3}{4} \div \dfrac{2}{5} = \dfrac{3}{4} \times \dfrac{5}{2} = \dfrac{15}{8} = 1\dfrac{7}{8}$$

두 번째로 분모의 크기를 같게 해 주는 방법으로 계산하면 다음과 같습니다.

$$\dfrac{3}{4} \div \dfrac{2}{5} = \dfrac{3 \times 5}{4 \times 5} \div \dfrac{2 \times 4}{5 \times 4} = \dfrac{3 \times 5}{2 \times 4} = \dfrac{3}{4} \times \dfrac{5}{2} = \dfrac{15}{8} = 1\dfrac{7}{8}$$

앞의 2가지 방법을 자세히 비교해 보면 분수의 나눗셈이 역연산으로 계산되어지는 이유를 발견할 수 있습니다.

즉, 분수의 나눗셈에서 분모의 크기를 같게 해 주는 과정을 거치면서 결국은 나누기를 곱하기로 고치고, 나누는 수를 역수로 고치면 그 결과가 같게 된다는 것을 알게 된 것입니다. 그러나 처음부터 분수의 나눗셈을 역연산의 방법으로만 가르쳐 주고 만다면 그 이유를 알 수 없게 되는 것입니다. 내 얘기를 들은 여러분은 이제 다른 학생들에게 이유를 설명해 줄 수 있겠죠?

그럼 몇 가지 예를 더 살펴보면서 역연산의 의미를 알아봅시다.

$$\boxed{\frac{2}{7} \div \frac{3}{5}}$$

① $\dfrac{2}{7} \div \dfrac{3}{5} = \dfrac{2}{7} \times \dfrac{5}{3} = \dfrac{10}{21}$

② $\dfrac{2}{7} \div \dfrac{3}{5} = \dfrac{2\times5}{7\times5} \div \dfrac{3\times7}{5\times7} = \dfrac{2\times5}{3\times7} = \dfrac{2}{7} \times \dfrac{5}{3} = \dfrac{10}{21}$

$$\boxed{\frac{3}{8} \div \frac{5}{6}}$$

① $\dfrac{3}{8} \div \dfrac{5}{6} = \dfrac{3}{8} \times \dfrac{6}{5} = \dfrac{18}{40} = \dfrac{9}{20}$

② $\dfrac{3}{8} \div \dfrac{5}{6} = \dfrac{3\times6}{8\times6} \div \dfrac{5\times8}{6\times8} = \dfrac{3\times6}{5\times8} = \dfrac{3}{8} \times \dfrac{6}{5} = \dfrac{18}{40} = \dfrac{9}{20}$

$$\boxed{\frac{5}{8} \div \frac{6}{9}}$$

① $\dfrac{5}{8} \div \dfrac{6}{9} = \dfrac{5}{8} \times \dfrac{9}{6} = \dfrac{45}{48} = \dfrac{15}{16}$

② $\dfrac{5}{8} \div \dfrac{6}{9} = \dfrac{5\times9}{8\times9} \div \dfrac{6\times8}{9\times8} = \dfrac{5\times9}{6\times8} = \dfrac{5}{8} \times \dfrac{9}{6} = \dfrac{45}{48} = \dfrac{15}{16}$

이처럼 분수의 나눗셈을 역연산의 방법으로 계산하면 빨리 계산할 수 있다는 장점은 있으나, 이 방법은 분수의 나눗셈의 개념을 잊어버리거나 계산 과정이 무시되는 경향이 있습니다.

결론적으로 말하면 수학을 공부하면서 우리는 너무 절차적 지식만을 강조하는 경향이 있다는 것입니다. 그러나 정작 중요한 것은 절차적 지식이 아니라 이처럼 역연산으로 문제를 해결하는 순서도가 어떻게 만들어졌는지를 아는 개념적 지식이 더 중요합니다.

이렇게 분수의 나눗셈 개념을 충분히 이해하여 왜 역수를 곱하는지를 설명할 수 있을 때, 비로소 빠른 문제 해결을 위한 계산 방법을 스스로 선택하는 것이 좋겠습니다.

선생님, 강아지 1마리와 수박 1통을 더하면 어떤 단위를 붙여야 해요?

통마리? 마리통? 너무 이상해요.

하하하, 갑자기 왜 둘을 더하려는 생각을 했나요? 그것은 덧·뺄셈의 가장 기본적인 조건을 무시한 것이지요.

단위가 다른 것끼리는 덧·뺄셈을 할 수 없답니다. 다음과 같은 두 분수를 더한다고 생각해 봅시다.

분모의 단위가 다르니 더할 수 없겠네요.

맞아요. 그럼 단위가 같다면 분모가 다른 분수를 어떻게 계산해야 할까요?

분모를 같게 해 줘야 할 것 같은데요? 그런데 어떻게 해야 분모가 같아질지는 모르겠어요.

두 분모의 최소공배수를 이용하여 35라는 공통의 단위를 얻어 계산하면 되지요.

$$\frac{2}{5}+\frac{3}{7}=\left[\frac{2\times7}{5\times7}\right]+\left[\frac{3\times5}{7\times5}\right]=\frac{14}{35}+\frac{15}{35}=\frac{29}{35}$$

아, 두 분수의 공통분모는 이렇게 찾는 거군요.

한쪽은 세로로 5등분, 다른 하나는 가로로 7등분한 2개의 정사각형을 준비해 보세요. 이 2개의 종이를 겹치면 칸 하나의 크기는 $\frac{1}{35}$, 즉 공통의 단위가 되지요.

그림으로 보니까 쉽네요.

이때 $\frac{2}{5}=\frac{2\times7}{5\times7}=\frac{14}{35}$, $\frac{3}{7}=\frac{3\times5}{7\times5}=\frac{15}{35}$ 와 같지요.

역시, 식과 그림을 함께 보니 이해가 쉬워요.

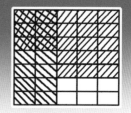

5

재미있는 **분수 이야기**

아버지의 재산을 현명하게 분배한 삼 형제 이야기와 이집트 신화에 등장하는
태양신 호루스의 눈에 얽힌 신기하고 재미있는 분수 이야기를 알아봅시다.

5

다섯 번째 수업
재미있는 분수 이야기

스테빈이 재미있는
분수 이야기를 들려 주겠다며
여섯 번째 수업을 시작했다.

지금까지 여러분과 함께 분수란 무엇인지, 어떻게 분수의
연산을 해결하는지에 대해 알아보았습니다. 이번 수업에서
는 흥미진진한 이야기를 통해서 분수가 가진 재미있는 의미
를 알아봅시다. 그럼 다음 이야기를 읽어 볼까요?

아버지의 재산 분배하기

옛날 어느 노인이 죽음을 맞이하게 되었다. 그에게는 사랑하는 세

아들에게 물려줄 황소 17마리가 있었다. 그는 첫째 아들에게는 17마리 황소 중 $\frac{1}{2}$을, 둘째 아들에게는 $\frac{1}{3}$, 막내 아들에게는 $\frac{1}{9}$을 가지라고 유언했다. 물론 소를 아끼던 노인은 절대로 소를 죽이지 말라는 부탁도 곁들였다.

아버지가 돌아가신 후 세 아들은 고민에 빠졌다. 어떤 방법을 써도 소를 죽이지 않고는 아버지의 유언대로 할 수 없었기 때문이다.

소중한 황소를 산 채로 나누기 위해 고민하는 삼 형제에게 한 지혜로운 청년이 나타났다. 그 청년은 자신의 집에 있는 황소 1마리를 줄 테니, 그것을 합쳐 유언대로 황소를 나누어 보라고 하였다. 청년의 충고를 받아들여 유산을 분배한 삼 형제는 신기하게도 마지막에 황소 1마리가 남는다는 사실을 알게 되었고, 남은 황소를 다시 청년에게 돌려줌으로써 고민을 해결함은 물론 고마움도 전할 수 있었다.

삼 형제가 고민에 빠진 이유는 무엇이었을까요? 삼 형제를 고민에 빠지게 만든 유언에 무슨 문제점이 있었던 건 아닐까요? 청년이 삼 형제의 고민을 해결해줄 때 어떤 수학적 아이디어를 갖고 있었을까요?

유언대로 황소 17마리를 나누어 가질 때 어떤 문제가 있는지부터 알아봅시다.

황소 17마리를 아버지의 유언대로 나누어 갖는다면 첫째 아들은 $17 \times \dfrac{1}{2} = 8.5$마리를, 둘째 아들은 $17 \times \dfrac{1}{3} = 5.66$마리를 갖게 되며, 막내아들은 $17 \times \dfrac{1}{9} = 1.88$마리를 가져야 합니다. 이럴 경우 황소를 죽이지 않고는 도저히 나누어 가질 수 없게 됩니다.

그런데 청년의 도움을 받아 18마리를 가지고 나누어 갖게 된 황소의 수는 첫째 아들이 9마리, 둘째 아들이 6마리, 막내아들은 2마리로 3명 모두 아버지의 유언보다 더 많이 갖게 되면서도 오히려 1마리가 남아 청년에게 되돌려 줄 수 있었습니다.

어째서 이런 일이 일어날 수 있었을까요? 청년의 해결 방법은 과연 수학적으로 옳은 방법일까요?

여기서 아버지의 유언을 자세히 살펴보면 다음과 같은 문제점을 발견할 수 있습니다.

$$\dfrac{1}{2}\,(\text{첫째 아들})+ \dfrac{1}{3}\,(\text{둘째 아들})+ \dfrac{1}{9}(\text{막내 아들})$$
$$= \dfrac{9}{18}+ \dfrac{6}{18}+ \dfrac{2}{18} = \dfrac{17}{18}$$

3명의 몫을 모두 더하면 $\dfrac{17}{18}$ 입니다. 이것은 1이 되지 못합니다. 즉 아버지의 유언대로 황소를 나눈다면 $\dfrac{1}{18}$ 이 남게 되

는 것이지요. 이것은 전체를 1로 보지 않았기 때문에 생긴 일입니다.

따라서 아버지의 유언대로 나눈다면 황소를 살아 있는 상태로는 절대로 나눌 수 없습니다. 또한 청년의 지혜로 황소를 나누긴 했으나 이 해결 방법은 아버지의 유언과는 다른 방법인 셈입니다. 즉 청년은 지혜롭게 문제를 해결하긴 하였으나 아버지의 유언대로 나눈 것은 아니라고 할 수 있습니다.

결국 아버지의 유언과는 어긋나지만 문제를 해결하는 데 있어 주어진 형식에만 얽매이지 않고 융통성을 발휘했다는 점에서 아주 현명하고 재미있었습니다. 1마리의 황소는 단지 계산을 하는 데에만 쓰이고 다시 주인인 청년이 가져갈 수 있었으니 수학의 세계는 참 신기하기도 하지요?

태양신 호루스의 눈

이번에는 이집트에 전해 내려오는 호루스 이야기가 분수와 어떤 관계가 있는지를 알아볼까요?

오시리스는 이집트의 땅의 신과 하늘의 신 사이에 태어난 아들로 이집트를 다스리는 왕이 되었다. 그는 이집트 사람들에게 농사짓는 법과 신을 경배하는 방법을 비롯해서 많은 가르침을 베풀었다. 따라서 백성들은 현명하고 지혜로운 오시리스 왕을 존경했다. 오시리스 왕의 아내인 이시스도 정성껏 왕을 도와 이집트는 계속 번영해 나갔다.

하지만 백성들에게 존경과 사랑을 받는 오시리스를 시기하고 질투한 동생 세트는 자신이 왕위에 오를 기회만을 호시탐탐 엿보고 있었다. 마음속으로 항상 무서운 계획을 세우고 있던 세트는 마침내 일을 저지르고 말았다.

어느 날 아주 아름답고 훌륭한 관을 만들어 오시리스를 그 속으로 들어가도록 유인한 다음, 뚜껑을 닫고 숨을 쉬지 못하게 납으로 틈새를 막아 버렸던 것이다. 그러고는 죽은 오시리스가 들어 있는 관을 나일 강에 흘려보냈다.

뒤늦게 이 사실을 안 오시리스의 아내 이시스는 강가에서 남편이 든 관을 건져내어 아무도 모르는 장소에 숨겨 놓았다. 그러나 오시리스가 이시스의 도움으로 다시 살아날까 봐 걱정이 된 세트는 이 관을 찾아내어 오시리스의 시신을 조각냈다. 그리고 조각낸 시신을 이집트 전역에 뿌렸다. 이시스가 오시리스의 시신을 다시는 찾을 수 없도록 하기 위함이었다.

이 소식을 전해 들은 이시스는 더욱 큰 슬픔에 빠졌으나 계속 슬픔에 잠겨 있을 수만은 없었다. 오시리스와 매의 머리를 가진 아들 호루스를 세트의 위협으로부터 안전하게 보호해야 했고, 남편의 시신을 찾는 일도 포기할 수 없었기 때문이다. 이시스는 온갖 어려움 속에서도 남편의 시신을 모두 찾아내어 그 형체를 완벽하게 맞춘 뒤 고이 묻어 주었다.

이시스의 이러한 정성은 헛되지 않아 그녀의 정성에 감동한 죽음의 신이 오시리스를 미라의 모습으로 환생시켜 주었다. 그 후, 오시리스는 저승의 왕이 되었고 그의 아들 호루스는 이시스의 보호를 받아 훌륭한 청년으로 성장하게 되었다.

어린 시절부터 아버지의 원수를 갚겠다고 결심했던 호루스는 어른이 된 후 세트를 찾아갔다. 용맹스럽게 자란 호루스는 세트를 물리치고 당당히 왕위를 되찾게 되었다. 그러나 세트와 격렬한 싸움을 벌인 호루스는 그만 눈이 뽑혀 산산조각이 나고 말았다. 하지만 이를 불쌍히 여긴 지혜의 신 토트가 그 조각들을 모아서 원래의 모습을 되찾게 해 주었다.

이 신화를 근거로 이집트 사람들은 아래의 그림과 같이 눈 전체를 1로 하여 각 부분에 단위분수를 배치하였습니다.

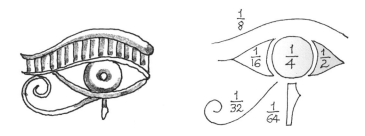

그런데 이 단위분수들은 모두 더하여도 1이 되지 못하고 $\frac{1}{2}+\frac{1}{4}+\frac{1}{8}+\frac{1}{16}+\frac{1}{32}+\frac{1}{64}=\frac{63}{64}$ 이 됩니다. $\frac{1}{64}$ 이 모자라는 것이지요. 이집트 사람들은 이처럼 $\frac{1}{64}$ 이 모자라는 것은 지혜의 신 토트가 $\frac{1}{64}$ 조각을 찾지 못해서가 아니라 토트 신이 나머지를 보충해 주었기 때문이라고 믿었습니다.

이집트 사람들이 호루스의 눈에 배치한 분수에서 규칙을 찾아봅시다.

__네, 선생님.

호루스의 눈에 사용한 분수들을 살펴보면 $\frac{1}{2}$, $\frac{1}{4}$, $\frac{1}{8}$, $\frac{1}{16}$, $\frac{1}{32}$, $\frac{1}{64}$인데 각 분수들은 모두 분자가 1인 단위분수를 사용했으며, 분모는 2를 n번 곱하는 모양으로 되어 있는 것을 알 수 있습니다.

$$\frac{1}{2}$$

$$\frac{1}{4} = \frac{1}{2 \times 2}$$

$$\frac{1}{8} = \frac{1}{2 \times 2 \times 2}$$

$$\frac{1}{16} = \frac{1}{2 \times 2 \times 2 \times 2}$$

$$\frac{1}{32} = \frac{1}{2 \times 2 \times 2 \times 2 \times 2}$$

$$\frac{1}{64} = \frac{1}{2 \times 2 \times 2 \times 2 \times 2 \times 2}$$

　　이러한 분수의 규칙을 활용하여 오른쪽과 같은 문제를 만들어 보았습니다. 이 문제를 풀어 보면서 분수의 합을 구하는 규칙을 생각해 봅시다.

　　— 네, 자신 있어요.

$$\frac{1}{2}+\frac{1}{2\times2}+\frac{1}{2\times2\times2}+\cdots+\frac{1}{2\times2\times2\times2\times2\times2\times2\times2\times2\times2}$$

우선 규칙을 알아보기 위해 문제를 단순화시킨 후 몇 가지의 합을 구해 봅시다.

첫 번째 항까지의 합 : $\frac{1}{2}$

두 번째 항까지의 합 : $\frac{1}{2}+\frac{1}{2\times2}=\frac{3}{4}$

세 번째 항까지의 합 : $\frac{1}{2}+\frac{1}{2\times2}+\frac{1}{2\times2\times2}=\frac{7}{8}$

네 번째 항까지의 합 :

$$\frac{1}{2}+\frac{1}{2\times2}+\frac{1}{2\times2\times2}+\frac{1}{2\times2\times2\times2}=\frac{15}{16}$$

위에서 나타나는 규칙을 살펴보면 분수의 분모는 2의 항의 수만큼 곱한 것이고, 분자는 분모보다 1이 작은 수입니다. 따라서 다음과 같습니다.

$$\frac{1}{2}+\frac{1}{2\times2}+\frac{1}{2\times2\times2}+\cdots+\frac{1}{2\times2\times2\times2\times2\times2\times2\times2\times2\times2}$$

$$= \frac{1024-1}{1024} = \frac{1023}{1024}$$

수학자의 비밀노트

부분분수

하나의 분수식을 그 이상 간단히 할 수 없는 분수식의 합으로 나타낼 때, 우변에 나타나는 하나하나의 분수를 부분분수라고 한다. 부분분수로 분해하는 원리는 다음과 같다.

$$\frac{1}{A \times B} = \frac{1}{B-A} \times \left(\frac{1}{A} - \frac{1}{B} \right)$$

$$\frac{C}{A \times B} = \frac{C}{B-A} \times \left(\frac{1}{A} - \frac{1}{B} \right)$$

이것을 이용하면 복잡한 식을 간단하게 나타낼 수 있다.

$$\frac{1}{2} + \frac{1}{6} + \frac{1}{12} + \frac{1}{20} = \frac{1}{1 \times 2} + \frac{1}{2 \times 3} + \frac{1}{3 \times 4} + \frac{1}{4 \times 5}$$

$$= \left(\frac{1}{1} - \frac{1}{2} \right) + \left(\frac{1}{2} - \frac{1}{3} \right) + \left(\frac{1}{3} - \frac{1}{4} \right) + \left(\frac{1}{4} - \frac{1}{5} \right)$$

$$= 1 - \frac{1}{5} = \frac{4}{5}$$

6

분수가 낳은 **소수**

분수가 생긴 지 3,000년이 지난 후에야 등장한
소수의 개념과 소수점을 읽는 방법에 대해 알아봅시다.

6

여섯 번째 수업

분수가 낳은 소수

스테빈이 지금까지 배운
내용을 언급하며
여섯 번째 수업을 시작했다.

바로 전 시간까지 우리는 분수에 대해 알아보았습니다. 그러나 뭔가 허전하지 않나요? 맞습니다. 바로 소수가 **빠졌습**니다. 여러분이 초등학교에서 배우는 숫자는 자연수, 분수, 소수입니다.

분수는 중학교에 가면 유리수라는 이름으로 다시 배웁니다. 초등학교에서 분수 대신 유리수라는 이름을 사용하지 않는 것은 분수라는 말 속의 '공평하게 나눈다'는 개념이 학생들에게 분수의 발생 의미를 더 쉽게 전달할 수 있기 때문입니다.

소수의 발명

이집트 사람들이 분수를 사용한 시기는 기원전 1,800년경
부터라고 하나 소수는 분수를 사용한 지 3,000년이 지난 후
에야 나타났습니다.

__소수는 왜 그렇게 늦게 사용되었나요?

__오래전부터 사용해 오던 분수가 있는데 왜 소수를 만들
어 쓰기 시작했을까요?

이 의문에 대한 해답은 네덜란드에서 찾을 수 있습니다.

소수를 처음 발명한 사람이 바로 나였기 때문이지요.

16세기 후반에 스페인의 식민지였던 네덜란드는 독립 전
쟁 중이었습니다. 네덜란드 군대는 돈이 모자랐고, 모자란
군비를 마련하기 위해 빚을 냈습니다. 그때 네덜란드 군대의
돈을 책임지며 총무부장으로 일했던 나는 빚에 대한 이자 계
산 때문에 항상 골치가 아팠습니다.

그 당시의 이자는 모두 $\frac{1}{10}$, $\frac{1}{11}$, $\frac{1}{12}$, …과 같이 단위분
수로 나타냈습니다. 만약 빌린 돈에 대한 이자가 $\frac{1}{10}$ 일 경우
에는 계산이 간단했지만 $\frac{1}{11}$, $\frac{1}{12}$ 과 같은 경우에는 계산
이 여간 복잡한 게 아니었습니다. 나는 이런 복잡한 이자 계
산 때문에 골머리를 앓아야 했던 것입니다.

그러던 어느 날 아주 기막힌 아이디어가 떠올랐습니다.

이자가 $\frac{1}{10}$일 때 계산이 간단한 이유는 10으로 나누기 좋은 십진법으로 쓰여졌기 때문입니다. 그러니까 이자를 계산할 때 분모가 10이나 100, 1000, …과 같이 10의 배수가 되면 나누기 쉬워질 거란 생각을 하게 된 것이죠.

어떤 수라도 10이나 100으로 나누는 것이 11이나 12로 나누는 것보다 훨씬 쉽습니다. 따라서 이자가 $\frac{1}{11}$인 것은 $\frac{1}{11}$의 근삿값인 $\frac{9}{100}$로, 이자가 $\frac{1}{12}$인 것은 $\frac{1}{12}$의 근삿값인 $\frac{8}{100}$로 고치면 쉽게 이자를 계산할 수 있다는 것을 알게 된 것입니다.

나의 이런 생각은 이자 계산으로 골머리를 앓던 사람들에게 많은 도움을 주었습니다. 그리고 이러한 방법으로 누구나 쉽게 이자 계산을 할 수 있게 되었습니다.

그래서 나는 1582년에 이자 계산표를 책으로 만들었고, 상인들은 쉽게 계산을 할 수 있게 되었다며 좋아했지요.

그 후 나는 내가 펴낸 이자 계산표를 보다가 $\frac{2735}{10000}$와 $\frac{2735}{100000}$ 두 분수 중 어느 쪽이 더 큰 수인지 금방 알아보기가 쉽지 않다는 생각이 들었습니다. 요즈음은 분모의 크기로도 쉽게 구별이 되지만 소수의 개념이 없던 그 당시에는 쉽지 않았습니다. 왜냐하면 분수는 분자와 분모를 동시에 비교해야 그 크기를 판단할 수 있었기 때문입니다.

그래서 나는 분모에 0이 몇 개 있는지, 또 분자가 몇 자리의 수인가를 동시에 알아볼 수 있도록 하였습니다.

예를 들어 $\frac{2735}{10000}$를 2①7②3③5④와 같이 ①은 소수 첫째 자리, ②는 소수 둘째 자리, ③은 소수 셋째 자리, ④는 소수 넷째 자리로 현재의 0.2735와 같은 의미의 소수를 만들어 냈던 것입니다. 이것이 바로 소수가 처음 세상에 나타난 모습이었습니다.

내가 만든 소수는 현재 여러분이 사용하는 소수와 쓰는 방법과 모양새만 조금 다를 뿐 그 원리는 똑같은 것이었습니다. 그 후 1617년에 영국의 수학자 네이피어(John Napier, 1550~1617)가 오늘날 사용하는 점(.)을 찍어 소수를 쓰기 시작했습니다.

__그런데 소수는 어떻게 읽어야 하나요?

소수를 읽을 때 자릿값은 어떻게 읽어야 할지 궁금한 모양이군요.

소수 2.7은 분수 $2\frac{7}{10}$에 대한 새로운 기호라는 것을 앞의 이야기를 통해 모두 알았겠죠? 따라서 분수 $2\frac{7}{10}$은 '이와 십분의 칠'로 읽혀집니다. 여기서 단어 '와'는 2.7의 소수점 대신이라는 점에 주의할 필요가 있습니다. 즉, 소수 2.7은 '이점 칠'이라고 읽습니다. 그렇다면 소수 32.53은 어떻게 읽어야 할까요? 다음 4가지 경우 중에서 어느 것이 바르게 읽는 방법일까요?

① 삼십이점 오십삼

② 삼이점 오삼

③ 삼십이점 오삼

④ 삼이점 오십삼

답은 ③번인 '삼십이점 오삼'입니다. 이렇게 읽게 된 과정을 알아보겠습니다.

자연수 32에 대한 설명은 여러분이 이미 알고 있는 사실이므로 설명을 제외하고, 소수 둘째 자리의 자릿값에 대한 설명을 하면 다음과 같습니다.

$\frac{30}{100}$은 100개 중에서 30개라는 뜻입니다. 그러나 이것은 $\frac{3}{10}$과 동치(모양은 다르나 크기가 같다)이므로 10개 중에서 3개라는 뜻도 됩니다. 그러므로 $\frac{30}{100} = \frac{3}{10}$입니다.

0.30과 0.3은 같습니다. 그렇기 때문에 0.3은 0.1이 3개일 수도 있고, 0.01이 30개일 수도 있습니다.

따라서 0.1이 3개일 때는 '영점 삼'이라고 읽을 수 있고, 0.01이 30개일 때는 '영점 삼십'이라고 읽을 수도 있겠지요. 다시 32.53으로 돌아와서, 소수 0.53의 의미는 다음 중 어느 것일까요?

① 0.53은 $\frac{1}{100}$이 53개라는 뜻이며 '영점 오십삼'이라고 읽는다.

② 0.53은 $\frac{1}{1000}$이 530개라는 뜻이며 '영점 오백삼십'이라고 읽는다.

③ 0.53은 $\frac{1}{10000}$이 5300개라는 뜻이며 '영점 오천삼백'이라고 읽는다.

다시 말해 0.53을 어떻게 이해하느냐에 따라서 읽는 방법이

제각각 달라지므로 매우 혼란스러워집니다. 이러한 혼란을 막기 위해 0.53을 '영점 오삼'이라고 읽기로 약속한 것입니다.

다음은 분수와 소수의 연결을 보여줍니다.

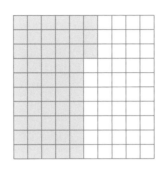

기호 : 0.53 또는 $\frac{53}{100}$　　　용어 : 영점 오삼 또는 백분의 오십삼

분수를 소수로 고칠 때 나타나는 규칙성

이번에는 분수를 소수로 고칠 때 나타나는 규칙성에 대해 생각해 봅시다.

먼저 다음 분수를 소수로 고쳐 보지요. 이걸 언제 나누고 있냐고 투덜거릴 필요는 없어요. 계산기를 이용해서 간단하게 고쳐 봐도 되니까요.

$$\frac{9}{50} = 0.18$$

$$\frac{1}{16} = 0.0625$$

$$\frac{1}{6} = 0.16666\cdots$$

$$\frac{5}{11} = 0.4545\cdots$$

$$\frac{2}{7} = 0.285714285714\cdots$$

$$\frac{5}{13} = 0.384615384615\cdots$$

이렇게 분수를 소수로 고칠 경우, 소수점 아래의 수가 유한 개일 경우(분자가 분모로 나누어떨어지는 경우)와 무한개일 경우(분자가 분모로 나누어떨어지지 않는 경우)가 있습니다. 이 경우 각각 어떤 특징이 있는지 알아봅시다.

첫째, 분자가 분모로 나누어떨어지는 경우, 이러한 분수의 특징은 분모에서 찾아볼 수 있습니다.

① 2, 4, 6, 8, 16, …과 같이 2의 곱으로 이루어진 수
② 5, 25, 50, …과 같이 5의 곱으로 이루어진 수

③ 10, 20, 40, …과 같이 ①과 ②에 있는 수의 곱으로 이

루어진 수

④ 분모와 분자가 1 이외의 공약수를 가지는 수

규칙	분수
분자가 분모로 나누어떨어지는 경우	$\dfrac{9}{50} = 0.18,\quad \dfrac{1}{16} = 0.0625$
분자가 분모로 나누어떨어지지 않는 경우	$\dfrac{1}{6} = 0.1666\cdots$ $\dfrac{5}{11} = 0.4545\cdots$ $\dfrac{2}{7} = 0.285714285714\cdots$ $\dfrac{5}{13} = 0.384615384615\cdots$

둘째, 분자가 분모로 나누어떨어지지 않는 경우, 이러한 분
수를 소수로 나타내면 소수의 자릿수가 무한개로 나타납니
다. 그리고 이때 소수점 아래는 일정한 숫자가 반복되는 것
을 알 수 있습니다.

예를 들어 $\dfrac{1}{3}$ 은 0.3333…으로 3이 계속 반복되고, $\dfrac{5}{7}$ 는
0.714285714285…로 714285가 반복되며, $\dfrac{5}{11}$ 는 0.454545…
로 45가 반복됩니다. 이처럼 분수를 소수로 나타내었을 때 왜

같은 숫자가 일정하게 반복되는 걸까요?

이것은 분모와 분자의 나눗셈을 살펴보면 됩니다.

먼저 1÷3이 0.3333…으로 반복되는 이유를 살펴보면, 1을 3으로 나누었을 때 나머지가 0.1, 0.01, 0.001로 같은 숫자 1이 반복되어 나타나기 때문입니다.

또한 5÷11이 0.454545…로 반복되는 이유를 살펴보면, 5를 11로 나누었을 때 나머지가 0.6, 0.05, 0.006, 0.0005로 같은 숫자 6과 5가 반복되어 나타나기 때문입니다.

예를 들어 어떤 수를 7로 나누면 나머지는 1, 2, 3, 4, 5, 6 중에 하나입니다. 즉 1부터 6까지의 6개의 숫자 중에 하나가 나오므로 어떤 수를 7로 나누면 최대한 6번째 안에 나머지는 같은 숫자가 반복하여 나오기 마련입니다. 따라서 나머지가

같은 수를 7로 나누면 항상 몫의 숫자도 같아지게 되므로 같은 숫자가 반복되어 나타나는 것입니다.

가령 5÷7과 같이 나누어떨어지지 않는 경우는 어떻게 될지 생각해 봅시다.

이 나눗셈의 몫을 써 보면 0.714285…와 같이 됩니다. 이와 같은 몫이 나오는 이유는 5를 7로 나눈 나머지가 1, 3, 2, 6, 4, 5, …의 차례로 나오고 여섯 번째에 처음의 1이 또 나오기 때문에 이후로는 앞에서 했던 것과 같은 계산이 되풀이됩니다.

따라서 분수를 소수로 고칠 경우에 나타나는 규칙을 종합하여 다음과 같은 결론을 내릴 수 있습니다.

첫째, 모든 분수는 소수로 나타낼 수 있다.

둘째, 분수를 소수로 나타내면 소수점 아래의 수가 유한개로 나타나거나 무한개로 나타난다.

셋째, 소수점 아래의 수가 무한개로 나타나는 경우는 반드시 같은 숫자가 반복된다.

__ 분수와 소수 사이의 신기한 관계가 재미있어요.

__ 저도요, 선생님.

분수와 소수 중 사용하기 더 편리한 것

분수와 소수 중에서 더 편리하게 사용할 수 있는 경우가 있을까요? 다음의 예들을 살펴봅시다.

첫째, 크기를 비교할 때

다음 수들의 크기를 비교하여 ○ 안에 >, <를 써 넣으세요.

① $\dfrac{2}{3}$ ○ $\dfrac{19}{24}$

② $\dfrac{5}{18}$ ○ $\dfrac{7}{32}$

③ 5.435 ○ 7.321

④ 0.8735 ○ 0.8725

분수와 소수 중에서 수의 크기를 비교할 때는 어떤 수가 더 편리할까요?

분수의 경우에는 분모가 같으면 크기를 비교하기가 쉬우나 ①, ②번처럼 분모가 다르면 반드시 통분을 해야 하는 불편함이 있습니다. 그러나 ③, ④번처럼 소수의 경우에는 앞에서부터 자리 수를 비교하면 되므로 수의 크기를 비교하는 것은 분수보다 소수가 더 편리합니다.

둘째, 덧셈과 뺄셈을 할 때

다음의 덧셈과 뺄셈을 풀어 보세요.

① $\dfrac{3}{4} + \dfrac{4}{7}$　　　　　② $\dfrac{5}{13} - \dfrac{3}{14}$

③ $8.57 + 6.53$　　　　　④ $7.54 - 2.31$

분수와 소수 중에서 덧셈과 뺄셈을 하기에 더 편리한 수는 어떤 수일까요?

분수의 경우, 분모가 같은 경우에는 덧셈과 뺄셈이 편리하나 ①, ②번처럼 분모가 다른 경우에는 반드시 통분을 해야 하므로 불편합니다. 그러나 ③, ④번처럼 소수의 경우에는 소수점의 위치만 맞추어 자연수의 연산처럼 더하고 빼면 되므로 덧셈이나 뺄셈에서도 분수보다 소수가 더 편리합니다.

── 아직까지는 모두 소수가 편리하군요.

셋째, 곱셈과 나눗셈을 할 때

다음의 곱셈과 나눗셈을 풀어 보세요.

① $\dfrac{2}{3} \times \dfrac{3}{5}$　　　　② $\dfrac{9}{22} \div \dfrac{3}{11}$

③ 7.23×2.45　　　　④ $9.3 \div 5.38$

분수와 소수 중에서 곱셈과 나눗셈을 하기에 더 편리한 수는 어떤 수입니까?

곱셈과 나눗셈의 경우에는 분수가 훨씬 편리하다고 할 수 있습니다. ①번처럼 분수의 곱셈은 약분이 가능하기 때문에 ③번의 소수의 곱셈에 비해 좀 더 쉬울 수가 있습니다. 소수의 나눗셈은 ④번처럼 나누어떨어지지 않는 경우가 있기 때문에 나눗셈 역시 분수가 좀 더 편리합니다.

따라서 수의 크기를 비교하거나 덧셈과 뺄셈을 할 때는 분수보다 소수가 편리하고, 곱셈이나 나눗셈을 할 경우는 분수가 더 편리합니다.

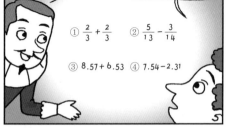

유리수의 세계

정수와 자연수, 분수와 소수를 모두 포함하는 유리수의 세계.
그 유리수들의 크기를 비교하여 수직선상에 나타내는
방법에 대해 알아봅시다.

7

유리수의 세계

스테빈은 유리수를
소개할 생각에 신이 나서
일곱 번째 수업을 시작했다.

우리가 태어나서 처음 만나게 되는 수는 자연수입니다. 자연수는 1부터 시작합니다.

$$1$$
$$1 + 1 = 2$$
$$2 + 1 = 3$$
$$3 + 1 = 4$$
$$4 + 1 = 5$$
$$\vdots$$

이와 같이 1을 출발점으로 하나씩 커져 나가는 수를 자연수라 말합니다. 하지만 학년이 올라가면서 자연수 외에 여러 범위의 수들이 있다는 것을 알게 됩니다.

우선 0이라는 수를 만나게 되는데 조심해야 할 점은 0이 자연수가 아니라는 것입니다. 왜냐하면 자연수는 1부터 시작하는 수이고, 0은 정수 범위에 속하는 수이기 때문입니다. 하지만 일상생활에서 0을 자연수처럼 사용하는 경우가 많아지면서 0을 범자연수의 범위에 넣는 경향이 있습니다. 그렇지만 정확하게 말하자면 0은 정수 범위의 수이지 자연수는 아닙니다.

그 후 만나게 되는 수들이 분수와 소수 그리고 음의 정수입니다.

다음 10개의 숫자들을 자연수, 정수, 유리수로 구분해 볼까요?

$$0, 3, -5, -4, -0.7, \frac{1}{3}, \frac{1}{5}, 5, 6.5, \frac{4}{4}$$

위에 제시한 10개의 숫자는 모두 유리수입니다. 이 10개의 숫자를 자연수, 정수, 유리수로 분류해 보면, 우선 자연수의 범주에 속하는 수는 3, 5, $\frac{4}{4}$입니다. 여기서 주의해야 할 것이 $\frac{4}{4}$인데, $\frac{4}{4}$가 분수로 나타나 있어서 유리수의 범주에 포함시켜야 할 것 같으나, 가분수 $\frac{4}{4}$는 자연수 1을 분수 모양으로 나타낸 것일 뿐 실제로는 분수가 아니라 자연수 1이라는 것을 앞에서 이미 배웠습니다.

그리고 정수들 중에서 자연수의 범위에 속하지 않는 수는 0과 음의 정수인 −5, −4입니다. 그리고 −0.7과 $\frac{1}{3}$, $\frac{1}{5}$, 6.5까지 포함한 10개의 수 모두가 유리수의 범위에 속하는 수입니다. 이 10개의 숫자를 벤 다이어그램으로 구분해 보면 다음과 같습니다.

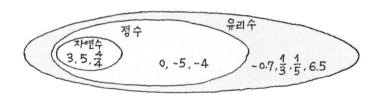

위에서 각각의 수들이 어떤 범위에 속하는지를 살펴보았습니다.

이번에는 위의 10개의 숫자들의 크기를 순서대로 나타내 보도록 하겠습니다. 그리고 숫자들의 크기를 순서대로 나타내기 위해서 수직선을 사용해 보겠습니다. 수직선의 특징은

0을 기준으로 오른쪽에는 양수를 나타내고, 왼쪽에는 음수를 나타내도록 되어 있습니다. 그리고 수직선에서는 왼쪽으로 갈수록 수의 크기가 작아지며, 오른쪽으로 갈수록 수의 크기가 커지는 특징을 가지고 있습니다.

이제 0을 기준으로 오른쪽에는 양수를 배치하고 왼쪽에는 음수를 배치하여 그 크기를 비교해 가면서 수직선상에 나타내 봅시다.

우선 수직선상에 0을 표시합니다.

그리고 −5와 −4를 비교해 보면 −5가 −4보다 1만큼 작으므로 −5를 −4보다 왼쪽에 배치합니다.

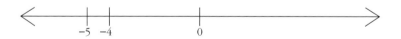

그리고 −0.7은 −1과 0 사이의 수이므로 −1과 0 사이에서 −1에 가깝게 배치합니다.

그리고 $\frac{1}{3}$과 $\frac{1}{5}$은 통분하여 그 크기를 비교하면 $\frac{1}{3} = \frac{5}{15}$이고, $\frac{1}{5} = \frac{3}{15}$입니다. 분모의 크기가 다른 분수에서 분모를 통분하여 분모를 같게 했을 때는 분자의 크기가 분수의 크기를 결정하므로, $\frac{1}{3}$은 $\frac{1}{5}$보다 큽니다. 따라서 분수 $\frac{1}{3}$이 $\frac{1}{5}$보다 오른쪽에 위치하게 됩니다.

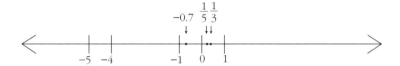

그리고 $\frac{4}{4}$는 1이기 때문에 1의 위치에 표시하고, 5와 6.5는 6.5가 5보다 크기 때문에 6.5를 5보다 오른쪽에 위치시키면 됩니다.

이 숫자들을 분류하려고 하는데 좀 도와주세요.

정수, 분수, 소수를 포함하는 유리수에 관한 문제군요.

$0, 3, -5, -4, -0.7,$
$\dfrac{4}{3}, \dfrac{5}{3}, 5, 6.5, \dfrac{4}{4}$

문제에 제시된 10개의 숫자는 하나의 묶음으로 생각할 수 있습니다.

네, 그건 알아요. 모두 유리수예요. 아, 그럼 10개의 숫자를 유리수의 범주, 즉 정수, 정수가 아닌 유리수로 분류하면 되겠네요.

유리수 ─ 정수 ┬ 양의 정수(자연수) 1, 2, 3, …
│ 0
└ 음의 정수 −1, −2, −3, …
└ 정수가 아닌 유리수 $\dfrac{1}{2}, -\dfrac{2}{3}, 0.3$ …

그러면 $\dfrac{4}{4}$ 는 유리수와 자연수 중 어느 범주에 포함시켜야 할까?

가분수 $\dfrac{4}{4}$ 는 자연수 1을 분수 모양으로 나타낸 것일 뿐 실제로는 분수가 아니라 자연수 1이

$\dfrac{4}{4} = 1$

그런데 0은 자연수가 아닌가요? 음의 정수도 아니고….

자연수는 1부터 시작하는 수이니까 0은 자연수가 아니지요. 하지만 0은 정수 범위에 속합니다.

넌 우리와 다른것 같아

우리랑도 다른데…

그러면 자연수에 해당하는 수는 3, 5, $\dfrac{4}{4}$ 네요.

맞아요. 정수 중에서 자연수가 아닌 수는 0과 음의 정수인 −5, −4이고요. 이 10개의 숫자를 벤 다이어그램으로 그려 보세요.

정수 ─ 양의 정수(자연수): 3, 5, $\dfrac{4}{4}$
0
음의 정수 : −5, −4

다 그렸다! 10개의 숫자를 벤 다이어그램으로 구분해 보면 이렇게 돼요.

훌륭해요.

유리수 −0.7, $\dfrac{5}{3}$, $\dfrac{4}{3}$
정수 0, −5, −4
자연수 3, 5, $\dfrac{4}{4}$
$\dfrac{5}{3}$, 6.5

8

분수·소수와 관련된
재미있는 문제들

분수와 소수를 이용하여 천재 수학자 피타고라스의 제자의 수 구하기와
점심값 나누는 방법, 가장 큰 수와 작은 수를 만드는
퍼즐 놀이에 대해 알아봅시다.

분수 · 소수와 관련된
재미있는 문제들

스테빈은 재미있는
문제들을 해결해 보자며
마지막 수업을 시작했다.

이제까지 분수와 소수를 공부하면서 일상생활에서 제기되는 많은 문제들이 자연수만으로 해결되기 어렵다는 것을 알았습니다. 또한 생활의 편리함 때문에 분수와 소수를 사용하게 되었다는 것도 배웠습니다.

마지막 수업에서는 옛날부터 재미있게 다루어져 온 문제들을 해결해 보면서 분수와 소수, 사칙 연산의 즐거움을 맛볼까 합니다. 여러분은 천재 수학자 피타고라스(Pythagoras, B.C.580?~B.C.500?)를 알고 있나요? 그와 관련된 문제부터 살펴보죠.

다음에 제시된 시는 피타고라스의 제자의 수를 나타낸 시입니다.

> ### 피타고라스의 제자
>
> 천재인 피타고라스여,
> 뮤즈 여신의 제자여,
> 가르쳐 주소서,
> 당신 제자의 수를.
>
> 내 제자의 반은
> 수의 아름다움을 탐구하고,
> 자연의 이치를 탐구하는 자가 $\frac{1}{4}$,
> $\frac{1}{7}$ 의 제자들은 굳게 입을 다물고
> 깊은 사색에 빠져 있다.
> 그 밖의 여제자가 3명 있고 그들이 제자의 전부이다.
> 알겠는가, 제자의 수를?
>
> — 〈그리스 시화집〉에서 —

주어진 문제는 방정식을 이용하면 쉽게 해결할 수 있지만 방정식을 사용하지 않고 분수의 계산만으로도 해결할 수 있습니다.

먼저 제자의 수를 나타낸 분수의 합을 구해 봅시다.

$$\frac{1}{2} + \frac{1}{4} + \frac{1}{7} = \frac{14}{28} + \frac{7}{28} + \frac{4}{28} = \frac{25}{28}$$

그리고 1에서 $\frac{25}{28}$를 뺀 나머지 $\frac{3}{28}$이 여제자 3명이므로 모든 제자의 수는 28명이 됩니다.

이것을 식으로 나타내면,

$$(\text{제자의 수}) = (\text{제자의 수}) \times \frac{25}{28} + 3$$

과 같기 때문에 등식이 성립하기 위해서는 제자의 수가 28명이 되어야 합니다.

그럼, 위와 같은 방식으로 다음의 문제를 해결해 볼까요?

우리 학교의 사고력 수학부에서는 입체도형 블록을 가지고 활동하는 학생이 $\frac{1}{4}$, 하노이 탑을 쌓고 있는 학생이 $\frac{1}{5}$, 그리고 $\frac{1}{2}$이 정육면체의 전개도를 찾고 있으며, 나머지 1명은 소마큐브를 즐기고 있다. 우리 학교 사고력 수학부의 학생 수는 몇 명일까?

먼저 학생의 수를 나타낸 분수의 합을 구해 보면,

$$\frac{1}{4} + \frac{1}{5} + \frac{1}{2} = \frac{19}{20}$$

입니다. 따라서 나머지 $\frac{1}{20}$이 1명에 해당되므로 사고력 수학부의 학생 수는 20명이 됩니다.

두 번째 문제―점심값 나누어 갖기

우재는 오늘 소풍 가는 날이어서 너무나도 기분이 좋았다. 그런데 어머니께서 그만 감기 몸살에 걸려서 자리에 누워 계셔야만 했다. 우재 어머니는 도시락을 싸 줄 수 없는 것을 미안해하며 우재에게 4,000원을 주셨다.

우재는 친한 친구 혁수와 정민이를 만나 소풍 장소로 갔다. 우재는 친구들에게 어머니께서 감기 몸살에 걸려서 자리에 누워 계신다는 말을 했다.

"점심 시간이 되었는데 난 도시락을 싸 오지 못하고 돈만 가져왔어.

어쩌면 좋지?"

"내가 싸온 도시락을 함께 먹자. 그렇지 않아도 내가 김밥을 5줄이나 싸 왔는걸."

혁수가 말하자 정민이도 같이 나누어 먹자고 하였다. 정민이가 가져온 김밥 3줄을 합하여 3명은 김밥을 골고루 나누어 먹었다. 우재는 고마운 마음에 혁수와 정민이에게 4,000원을 나누어 주려고 한다. 혁수와 정민이에게 얼마씩 나누어 주면 될까?

물론 친구들이 돈을 받으려고 하지는 않겠지만, 우리는 수학 공부를 위해서 돈을 나누어 가지는 것으로 가정하고 계산해 볼까요?

먼저, 3명이 먹은 김밥은 총 8줄이고, 이 중 1명이 먹은 양을 구해 보면 다음과 같습니다.

$$8 \div 3 = 2\frac{2}{3}$$

즉, 우재가 먹은 김밥의 양은 전체 김밥의 $2\frac{2}{3}$입니다.

그리고 우재가 먹은 김밥을 누구로부터 얼마만큼씩 받은 것인지 구해 보면, 정민이는 김밥 3줄 가운데 자기가 $2\frac{2}{3}$를 먹고 우재에게 $\frac{1}{3}$을 준 것이고, 혁수는 가져온 5줄의 김밥 가

운데 자기가 $2\frac{2}{3}$를 먹고 우재에게 $2\frac{1}{3}$만큼 주었다고 할 수 있습니다.

따라서 혁수와 정민이는 각각 우재에게 김밥을 준 만큼 돈을 받아야 하므로 $2\frac{1}{3}$과 $\frac{1}{3}$을 비교해 보면 $2\frac{1}{3} : \frac{1}{3} = \frac{7}{3} : \frac{1}{3}$ = 7 : 1입니다. 즉 혁수는 정민이보다 7배를 더 준 셈이므로 혁수가 정민이보다 7배의 돈을 더 받아야 합니다. 따라서 4,000원을 비례배분으로 계산하면 다음과 같습니다.

(혁수) $4000 \times \frac{7}{8} = 3500$(원)

(정민) $4000 \times \frac{1}{8} = 500$(원)

세 번째 문제 ─ 가장 큰 수와 작은 수 만들기

다음 페이지에 주어진 숫자로 곱이 가장 큰 수와 가장 작은 수를 만들어 봅시다. 계산기를 사용해서 문제를 해결해도 좋습니다.

이 문제는 주어진 수에 0이 없이 자연수만 주어진 경우이기 때문에 다음과 같은 규칙으로 문제를 해결하면 됩니다.

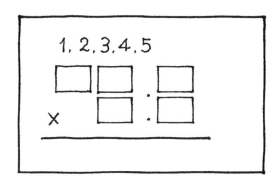

1, 2, 3, 4, 5

먼저 가장 큰 수를 만들기 위해서 1, 2, 3, 4, 5 중 가장 큰 수 3개를 선택하면 5, 4, 3입니다. 그리고 50×4나 40×5는 모두 200으로 똑같기 때문에 가능하면 가장 큰 수 5를, 곱해 지는 수보다는 곱하는 수 자리에 놓아야만 위의 두 수 4와 3에 모두 영향을 미칠 수 있으므로 5를 곱해지는 수에 놓는 것이 좋습니다. 다음의 예를 살펴보면 3가지 중에서 첫 번째 것이 가장 큰 수가 되는 것을 알 수 있습니다.

$$
\begin{array}{r}
43 \\
\times\ 5 \\
\hline
215
\end{array}
\qquad
\begin{array}{r}
53 \\
\times\ 4 \\
\hline
212
\end{array}
\qquad
\begin{array}{r}
54 \\
\times\ 3 \\
\hline
152
\end{array}
$$

그리고 나머지 숫자 1과 2도 위의 예가 적용되므로 큰 수 2
가 곱하는 수에 위치하고 작은 수 1이 곱해지는 수의 자리에
위치하는 것이 큰 수를 만드는 방법이 됩니다.

　따라서 가장 큰 수를 만들기 위해서는 곱해지는 수(피승수)
의 자리에는 5개의 수 중에서 2 - 3 - 5번째 크기의 수를 차
례로 놓아 소수를 만듭니다. 그러면 곱해지는 수는 43.1이 됩
니다. 그리고 곱하는 수(승수)의 자리에는 나머지 수 중에서
1−4번째 크기의 수를 차례로 놓아 소수를 만들면 곱하는 수
는 5.2가 됩니다. 따라서 가장 큰 소수는 다음과 같습니다.

$$
\begin{array}{r}
43.1 \\
\times \quad 5.2 \\
\hline
224.12
\end{array}
$$

　그리고 가장 작은 수를 만들기 위해서는 위의 방법과 반대
가 되므로 곱해지는 수의 자리에는 5개의 수 중에서 4−3−1
번째 크기의 수를 차례로 놓아 소수를 만들면 곱해지는 수는
23.5가 됩니다. 그리고 곱하는 수의 자리에는 주어진 5개의
수 중에서 5−2번째 크기의 수를 차례로 놓아 소수를 만들면
곱하는 수는 1.4가 됩니다. 따라서 가장 작은 소수는 다음과

같습니다.

$$23.5$$
$$\times \quad 1.4$$
$$\overline{32.9}$$

그러면 위의 규칙을 이용하여 다음의 문제를 해결해 봅시다.

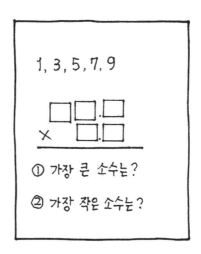

① 가장 큰 소수 : $75.1 \times 9.3 = 698.43$

　가장 작은 소수 : $35.9 \times 1.7 = 61.03$

어때요? 규칙을 알아내니 해결하기 쉽죠?

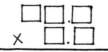

$$1, 2, 3, 5, 7$$

① 가장 큰 소수는?

② 가장 작은 소수는?

② 가장 큰 소수 : $53.1 \times 7.2 = 382.32$

가장 작은 소수 : $23.7 \times 1.5 = 35.55$

수학자의 비밀노트

가장 큰 수와 가장 작은 수 만들기

본문의 내용을 참고하여 1, 3, 5, 7, 9를 가지고 다음 나눗셈의 결과가 가장 클 때와 가장 작을 때를 구해 보자.

$$\square.\square \,)\overline{\square\square.\square}$$

나눗셈의 몫이 가장 크려면 나누어지는 수는 가장 크도록, 나누는 수는 가장 작도록 해야 한다. 나눗셈의 몫이 가장 작으려면 나누어지는 수는 가장 작도록, 나누는 수는 가장 크도록 해야 한다. 따라서 각각의 경우는 다음과 같다.

① 몫이 가장 클 때 : $97.5 \div 1.3 = 75$

② 몫이 가장 작을 때 : $13.5 \div 9.7 = 1.39$

분수의 단점을 극복한 스테빈Simon Stevin, 1548~1620

　인류는 지금으로부터 4,000년 전에 이집트 인들이 만든 분수를 16세기까지 약 3,600년간 사용해 왔습니다. 그러나 16세기에 들어서면서 유럽 각국의 상공업이 빠르게 발달하였으며, 나라 간의 무역이 활발해지면서 복잡한 계산을 해야 하는 경우가 빈번해졌습니다. 그렇지만 복잡한 계산을 하는 데 분수만으로는 어려움이 많이 따랐습니다. 이러한 분수의 단점을 극복하기 위해 분수를 소수로 고친 사람이 바로 스테빈입니다.

　스테빈은 브뤼주 시청에 근무하였으며, 후에 네덜란드 군대의 총무부장이 되었습니다. 그의 과학적 연구는 여러 방면에 걸쳐 나타났으며 특히 성을 쌓는 축성 기사로서의 명성은 매우 높았습니다.

1582년에는 이자 계산표와 관련된 서적을 출판하여 상인들에게 편의를 제공하였으며, 그 뒤에 《10분의 1에 대하여》라는 소책자를 통해 소수의 계산에 관하여 최초로 조직적인 해설을 하였습니다. 다소 복잡한 이 표기법은 훗날 비에타(François Viéta)에 의해서 개량되었는데, 그가 정부에 진언하였던 십진법에 의거한 화폐 및 도량형 제도는 프랑스 혁명에 이르러 겨우 실현되었습니다.

사람들은 스테빈의 소수 표기법과 계산법의 가치를 높이 평가하였고, 이것의 사용을 장려하여 계산술이 진보하는 데에도 이바지하였습니다.

그의 최대의 공헌은 역학 분야의 업적으로서, 이른바 아르키메데스적인 정역학(靜力學)이 스테빈에 의하여 크게 발전되었다고 할 수 있습니다.

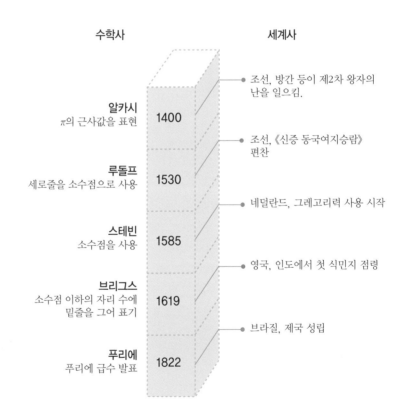

수학 연대표
언제, 무슨 일이?

수학사

세계사

알카시
π의 근사값을 표현

1400

● 조선, 방간 등이 제2차 왕자의
난을 일으킴.

루돌프
세로줄을 소수점으로 사용

1530

● 조선, 《신증 동국여지승람》
편찬

스테빈
소수점을 사용

1585

● 네덜란드, 그레고리력 사용 시작

브리그스
소수점 이하의 자리 수에
밑줄을 그어 표기

1619

● 영국, 인도에서 첫 식민지 점령

● 브라질, 제국 성립

푸리에
푸리에 급수 발표

1822

체크, 핵심 내용
이 책의 핵심은?

1. 그리스 인들은 $\frac{1}{2}$ 이라는 분수 대신에 1:2와 같은 ☐ 를 사용하였기 때문에 단위분수를 '수'로 인정하지 않았습니다.

2. 가분수는 크기가 ☐ 과 같거나 ☐ 보다 큰 모든 분수를 말합니다.

3. 분모와 분자가 어떠한 수로도 동시에 나누어지지 않는 분수를 ☐☐ ☐☐ 라고 합니다.

4. 이자가 $\frac{1}{10}$, $\frac{1}{100}$ 일 때 계산이 간단한 이유는 분모 10이나 100이 십진법 숫자이기 때문입니다. 따라서 분수를 소수로 고칠 때 분모가 10, 100, 1000과 같이 10의 ☐☐ 가 되면 쉽게 소수로 고칠 수 있습니다.

5. 분수와 소수 중 수의 크기를 비교할 때나 덧셈이나 뺄셈을 계산할 때 더 편리한 것은 ☐☐ 입니다.

6. 분수와 소수 중 곱셈과 나눗셈을 할 때 더 편리한 것은 ☐☐ 입니다.

7. 유리수와 자연수 중 그 범위가 넓은 것은 ☐☐☐ 입니다.

1. 비 2. 1, 1 3. 기약분수 4. 배수 5. 소수 6. 분수 7. 유리수

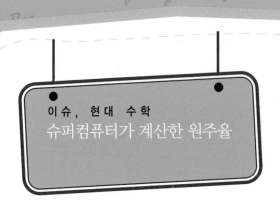

옛날 수학자들은 수의 성질을 알아보기 위해 엄청난 노력을 했을 것입니다. 가령 다음의 수가 완전수(자기 자신을 제외한 양의 약수를 더해 자기 자신이 되는 수)인지 아닌지를 알아보기 위해서는 식사도 거르고, 화장실 출입도 하지 않고 이것을 해결하는데 온 힘을 쏟는다 해도 답을 얻기가 쉽지 않았을 것입니다.

265845599156983174465469261595395 3276

콜빈이라는 영국의 한 대학생이 2의 제곱근을 소수점 아래 111자리까지 계산한 것은 1852년의 일이었고, 또 제임스 스틸이라는 학생은 이것을 거꾸로 제곱하는 검산을 하였다니 정말로 놀라운 끈기가 아닐 수 없습니다.

여러분도 잘 알고 있겠지만, 2의 제곱근과 같은 무리수는 소수점 아래로 아무리 계산해도 끝이 나질 않습니다. 만일 어디에선가 끝이 난다면 그 수는 무리수가 아니고 유리수인 것입니다. 어려운 이야기가 될지 모르지만, 원주율(π)이라든 지 $\sqrt{2}$, $\sqrt{3}$ 등이 무리수라는 사실은 이미 증명되어 있으며, 실제로 그 값을 셈하는 공식도 발견되었습니다.

1873년, 영국의 생크스(Willian Shanks)는 원주율의 값을 소수점 아래 707자리까지 계산하였으며, 컴퓨터가 생긴 이 후에는 소수점 아래 100만 자리까지 구했다는 것도 이미 옛 날이야기가 되었습니다.

여전히 컴퓨터를 업그레이드하면서 계속 근삿값의 자리수 를 늘리는 데 애쓰는 사람들도 적지 않습니다. 최근에는 원 주율의 근삿값이 소수점 아래 10억 자리를 훌쩍 넘겼다는 소 식을 전해 들었기 때문입니다.

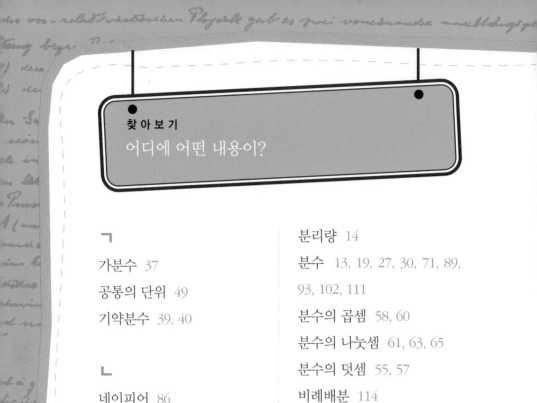